U0086833

INNOVATION PATH
イノベーションパス

最強創意思考課

從藍海策略到破壞式創新，
凌駕AI的創新思維

橫田幸信◎著
麗惠潔◎譯

BWL068

導言

本書旨在探討如何推動「創新專案」，包括發想與實現新產品、新服務，以及新商業點子，以開創新市場。書中介紹的各種方法，是根據我在東京大學 i.school 推動的創新教育與研究活動，以及在 i.lab 擔任創新顧問所獲得的經驗。我不僅將介紹產生創新點子的方法，還會逐一解說最先進的實踐理論。

第一章聚焦於未來工作的變化，討論為什麼我們現在必須學習創新。我會以具體事例解說「創新＝技術革新」的誤解。同時，我也會介紹從「破壞式創新」，到「藍海策略」、「設計思考」等創新管理方法的全貌及進化系譜，並特別說明「創新×設計」這個新潮流。

第二章說明東京大學 i.school 的創新教育計畫，聚焦於創新人才須具備的要素與技能，希望能幫助讀者找到五年、十年後的成長目標。

第三章介紹發想創新點子的方法與流程。不論是以技術為本、以市場為本、以社會為本，以及近年蔚為話題的設計思考等以人為本的方法，都會討論，同時說明整體觀點，及各個方法的特徵與問題。此外，我也會舉出東京大學 i.school 蒐集的優秀案例，並說明 i.lab 的實踐方法。

第四章討論專案後半段收斂構想的方法，包括點子的評量、篩選，以及提升品質的做法。如同第三章所述，儘管發想創新點子的方法很多，但多半沒有詳加梳理發想出點子後的下一步。在第四章，我將以具體案例，介紹歸納收斂的方法與流程。

第五章介紹 i.lab 與各行各業客戶的專案案例。一位優秀的建築師能透過分析其他同業的建築設計而有收穫，創新專案也是。藉由觀摩其他創新專案，也有助於提升自己的專案品質。最後，在第六章，將討論大企業中的創新專案應該如何運作。我將從「流程設計」、「組織體制」，以及「人才」等面向整理出訣竅。書寫時，我盡可能提醒自己要讓所有讀者——無論是經營層、管理職，或一般員工，都能有所收穫。

由衷期待你閱讀本書後，能邁向充滿挑戰與創造性的創新路徑。

目錄

第1章 創新潮流●9

第2章 創新人才的培育——以東京大學 i.school 為例●45

第3章 如何創新發想？ 73

第4章 收斂構想、提升品質 117

第5章 創新專案的設計與管理 149

第1章

創新潮流

為什麼必須創新？
——非認識不可的兩大主題

在說明創新專案前，我想先談談，為什麼現在必須學習創新？

關於創新的必要性，整個社會與各種企業活動都已經不斷提示我們。不過，我希望各位思考的是，在認同這樣的社會潮流之餘，為什麼你自己要在此刻閱讀這本有關創新的書？又為什麼必須學習創新？

首先請想一想，你將來會過什麼樣的生活？到了二〇三〇年，你幾歲？住在哪裡？你的伴侶、孩子，以及父母分別是多大年紀？靠什麼維生？請盡可能具體想像。其次，你從事什麼工作？與現在的工作相較，有哪些地方相同？哪些不同？

在想像過二〇三〇年的自己後，接下來，我想介紹兩個我認為必須好好認識的主題，這關乎你的工作內容和工作方式，同時也是我個人十分關注的事。

第一個主題與智能相關。毫無疑問，二〇三〇年時，將有智能超越人類的事物問世。美國IBM公司所研發的人工智慧系統「華生」，就曾於二〇一一年在極受歡迎的益智節目「危險邊緣」中連過兩關，擊敗前來挑戰的人類，贏得最高額獎金[1]（＊參考資料列於全書最後）。

這個消息最令我震驚的，並非人工智慧的知識儲存量，或是其卓越的搜尋能力。我本來就很清楚，如果要在數學計算或知識量上一較長短，電腦必然位居上風。真正令我驚訝的是，電腦居然能在由人類決定出題方式與問題內容的架構下，擁有如此出色的表現。再者，人工智慧在電視節目這類高度娛樂性的場合中，竟能展現出過人的存在感。

此後，人工智慧繼續在象棋與圍棋比賽中跟頂尖高手激戰。對戰過程的娛樂效果與輸贏結果，讓我益發深刻感受到，人工智慧在人類社會的存在感已經質變，它們不只能力大幅提升，存在的形式也愈來愈貼近人類。這些現象所反映出的二〇三〇年，將會是什麼模樣？

第二個主題則與身體層面相關。目前，在製造作業現場，已經開始活用經過精密編程的機器手臂。近年因為「機器學習」技術的發展，機器人已能自行學習，並模仿人類的動作，如此一來即可省略編寫程式的作業。隨著技術能力的提升，機器人也正逐漸朝人類的生活靠攏。這些能自動模仿人類肢體動作，並賣力工作的機器人，今後有望成為企業積極「分發」至工廠等製造現場的「新手」。

在思考二〇三〇年的自己時，我非常在意這兩大主題對企業、組織、社會，以及我們的職業將會有何影響？

英國牛津大學的麥可・奧茲彭（Michael A Osborne）是研究人工智慧的專家，他曾與社會科學領域的研究者合作，分析自二〇一三年起，美國未來十年可能被電腦取代的職業，並在論文〈未來的工作〉[2]中發表這份清單。

論文中雖然較少從身體面向思考機器人取代人類的可能性，但研究結果仍顯示，今後將有為數不少的職業可能被電腦替代。就連一般認為需要高度專業的白領工作，都在可能被取代的職業中名列前茅。

這項研究結果有一點值得留意，它是以「技術能否被取代」的觀點來思考各個職業的業務內容。然而，儘管技術上有替代可能，在法律制度與社會認知中則未必。不過，我們仍然應該牢記「在技術上可被取代」這項事實。

「野村總合研究所」（以下簡稱「野村總研」）根據這篇論文，於二〇一五年與麥可．奧茲彭合作，執行日本版的調查研究，我也參與其中部分工作。「野村總研」的研究除了從智能層面切入，也涵蓋身體層面，並將機器人技術的進化納入考量。根據「野村總研」的研究結果顯示，到二〇三〇年，目前日本半數就業人口所從事的工作，在技術上將可被人工智慧或者機器人取代[3]。

才不過短短十多年時間，目前日本半數以上的就業人口，就可能被取代，這結果委實令人震撼。

未來的工作將如何變化？
——升級版的創造性與協調性將成關鍵

了解前述主題與研究結果後，現在請試著再度想像，你二〇三〇年將從事什麼工作？如果屆時你還想從事具有高價值的工作，就應該從現在開始正確掌握自己擅長的能力，並積極琢磨、鍛鍊，以確保它成為你的優勢。

根據人工智慧與機器人這兩個主題，和我在東京大學 i.school 與 i.lab 參與的討論，以及與「野村總研」合作的研究，我更加確信，有兩項人類擅長的能力不會被取代。

首先，是創造性。

這裡指的創造性，不是例行公事地提出點子，而是帶有目標意識的創造性。例如，發現某個社會問題，企圖解決，或是出於個人價值觀，而提出相關的產品或服務。

二〇一三年夏天，我在東京大學舉辦的「TED × Todai」（現已更名為 TED × UTokyo），曾發表有關「創造性」與「創新」的演說[4]。當時，我特別拜託口譯，在翻譯創造性一詞時，要翻譯為「帶有目標意識的創造性」。之所以強調這一點，是因為我認為不具目標意識的創造性，可能在不久後的未來被人工智慧取代。

在從事創造性活動時，設定目標非常重要，例如：想打造什麼樣的社會，個人、團隊，以及公司是基於什麼動機打拚等等。決定方向性所需的技能與管理方法很困難，我希望在本書對此深入探討。

第二種不會被取代的能力，是與能力及體驗跟自己不同的他人互相協調，以提升價值。乍看之下這似乎跟「合作」沒什麼不同，但這裡指的協調，不是單純藉由分工完成工作，而是針對同一個目標，集合眾人之力提升價值的作業。

這種協調需要相當細膩且複雜的溝通與管理，團隊成員更須尊重彼此差異，引導出對方的專業與體驗，並團結一致朝無法預測，又充滿不確定的未來邁進。有時候在協調過程中，團隊成員會藉由眼神溝通以確認重要事項、加強彼此的信任等。此外，某些非預期，甚至可說是「錯誤」的無厘頭發言、玩笑、乍看無關的失誤，以及偶發事件等，從結果來看，很多都有助於大幅提升作業價值，或足以突破瓶頸，團隊成員必須善加利用。哪怕到二〇三〇年，這些需要細膩溝通與善用偶然性的協調作業中，人工智慧與機器人還是難以取代人類。

而能活用這兩項人類獨有能力的工作，正與創新有關，包括提出新產品、新服務，以及開發新事業等。儘管與創新相關的工作，現在仍被歸類為比較特殊的業務內容，不過在想像二〇三〇年的情景後，我認為它將逐步進化成商業人士的關鍵業務。這也正是我個人對於「為什麼現在必須學習創新」所做出的答覆。各式各樣有關創新的書籍不斷問世，身處這股巨大的社會潮流中，我們很容易忽略自己學習創新的意義。我希望讀者可以明白，為什麼現在必須將創新當成自己的事情來看待，並在閱讀此書時，也能思考如何活用本書以面對未來的工作。

「創新＝技術革新」的誤解——以人為本的時代

前面不停提到「創新」一詞，在此我想舉出具體實例，以釐清創新的定義及其意涵。

聽到「創新」一詞，各位腦中會浮現哪些產品與服務？我去大學與企業演講時，每次提出這個問題，得到的答案總不外乎蘋果公司的 iPhone、Facebook，以及豐田汽車的 PRIUS 等。本書雖然會介紹創新的定義，但不會劃定一條明確界線，據此判斷某個產品或服務是否符合創新。因此，本書所指的創新，就是各位從某些產品或服務上感受到的創新。

世界上有多少專家，就有多少種創新的定義。但由於一個詞彙必須能獲得多數人的共同理解才具有意義，所以我想引述日本「維基百科」對創新的定義，因為它正是透過集結眾人知識的方式，不斷改善記述內容的品質。

創新（英文：innovation）意指創造事物的「新結合」、「新方式」、「新切入點」、「新觀點」，以及「新活用方法」的行動。一般常將創新誤解為發明新技術，但創新的意義不只如此，還包括提出新點子、創造具有社會意義的新價值，以及造成社會巨大變化的自發性個人、組織，與社會的各種變革。意即，將全新的技術或思維帶入既有的事物、結構中，進而創造出全新價值，並且引發巨大的社會改變（二〇一八年十月二日維基百科日文版）。

儘管上述內容多少有點抽象，但它不僅提及創新一詞的意義，也提到一般人對創新的誤解，我個人認為是相當實用的說明。這個定義最重要的一點提到，創新並不必然等同「技術發明」。近年來類似的誤解雖已銳減，不過仍不時可看到將「創新」與「技術革新」畫上等號的敘述，但如此將窄化創新的可能性。

現在的日本企業，尤其是製造業，深受「技術革新」為它們在高度經濟成長期帶來的成功體驗所束縛，因此在創新領域中各種蔚為潮流的表現，諸如善用設計師、導入以人為本的發想方法上，都在全球敬陪末座。儘管技術革新的確有助於帶動創新，但跟技術革新無關的創新與日俱增，也是不爭的事實。

圖1　人類未來的工作

人類工作的重點

1

具備目標意識的創造性
CREATIVITY WITH DIRECTION

2

與他人協調，提升價值
COLLABORATION

舉例來說，任天堂的電子遊戲機Wii、社群網路服務Facebook、計程車叫車應用程式Uber、個人房屋出租服務平台Airbnb，以及蘋果公司的iTunes等，都是普及度高，也在市場上贏得好評的案例。而所謂以人為本的創新，也可替換為「設計思考」（Design thinking）、「設計力創新」（Design-driven innovation）[5]等說法（圖2）。

把創新誤解為技術革新，會造成產品和服務的開發流程完全仰賴技術開發，也導致企業沒有機會深入思考面對目前市場必須採取的行動，如更新商業模式與建構使用者平台。我們不該再將創新局限於技術革新，應該從其他角度來發想點子、提出新的普及模式。

我認為，一直以來以技術為本的日本企業，尤其可將「以人為本的創新」思維與方法做為補充概念。這些方法的本質雖說是「以人為本」，但與以技術為本的思維和方法絕非彼此矛盾或敵對，而是可以互補、相輔相成。對此，第三章將有更詳細的說明。

值得注意的是，新產品與新服務的開發流程，之所以應該採取以人為本的思考方式，並不是因為以技術為本的思維已經日暮途窮，比較孰優孰劣也沒有任何意義。真正的重點是，企業過去在創造新產品和新服務時，都是僅仰賴以技術為本的思維，但如今必須重新檢視創新真正的意義，並且帶入能洞察人與社會的思維與方法。

圖 2　創新的類型

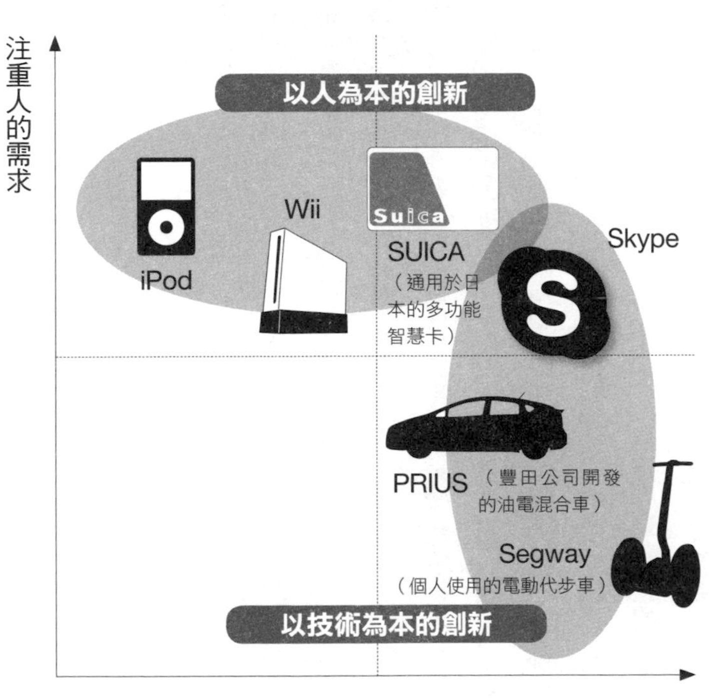

根據《日本經濟新聞》2009 年 8 月 18 日「經濟教室」（堀井秀之執筆）所製

從破壞式創新到設計思考

——創新聖經

為幫助讀者更具體掌握創新一詞，我想介紹我自己的創新聖經：《發明、發現的祕密》[6]。它是一本給兒童看的漫畫，裡頭介紹了最貼切的創新案例。

此書內容依出版時期略有不同，不過每一版都會介紹五十個左右的發明，並透過漫畫簡介發明人及發明的相關逸事。可別因為這是一本兒童漫畫而小看它，透過這本書，能清楚掌握創新的本質，包括創新的定義與創新的機制等。

那麼，這本書介紹過哪些發明呢？書裡介紹過的案例包括泡麵、書包、飛機、三明治、水管、茶包、X光照片、奧運等。各種創新案例都十分貼近我對創新的定義，不過，可能也有讀者無法認同某些案例。舉例來說，書中提到的三明治，因為技術上並無創新之處，習慣將創新與技術革新畫上等號的讀者，或許就會覺得這個案例不太「創新」。

為了幫助讀者更清楚理解創新的定義，接下來我想以三明治為例說明。三明治發明的背景是，有一位名叫三明治的伯爵沉迷牌局，因為不想中斷遊戲，於是請人「把肉夾在麵包裡端上桌」，結果就促成三明治的誕生，三明治的名稱也是這麼來的。

圖 3　發想點子時，與技術相關以及與人相關的資訊是呈互補關係

在三明治出現以前，人們多半得正襟危坐以雙手享用食物，無法一邊吃東西，一邊從事其他活動。不過，三明治問世後，促成人類飲食行動的改變，開始能以單手用餐，並同時進行其他活動，甚至還能邊走邊吃。儘管它沒有任何技術上的革新，卻改變人們進食的習慣與觀念。

茶包也是如此。在茶包發明前，喝紅茶這件事，通常是好幾個人一起進行的活動。但是茶包問世後，一個人也可以享受飲茶的樂趣。茶包就和三明治一樣，對人類的行動與價值觀造成巨大的影響，這些都可說是以人為本的創新案例。

此外，書中也提到水管。水管既非商品，也不是服務，而是與用水相關的物件。水管對人類準備食物、洗澡，以及衛生狀態影響深遠，大幅改變我們的日常生活。

又譬如奧運，在奧運的概念出現以前，國家之間競爭的是經濟與武力，奧運則帶入在運動、和平，以及健康等概念上較勁的想法。

如果對照維基百科的定義，這本童書介紹的這些發明案例，應該都可視為創新。這本書是小學三年級時母親送給我的禮物，此後便成為我心目中的創新聖經。

此外，我還想再介紹兩本書，它們也都享有創新聖經的美譽，同時也是閱讀本書時相當實用的參考書。當然，即使沒讀過這兩本書，也不會影響對本書的閱讀與理解，不過如果能同時閱讀參照，更有助於清楚了解我提出的主題及內容。

為什麼創新維艱？

對創新感興趣的讀者，或許有不少人知道《創新的兩難》（*The Innovator's Dilemma*）及其系列作品。《創新的兩難》是美國哈佛商學院克雷頓．克里斯汀生教授的著作，他是創新管理領域中無人不曉的知名專家。在這本書裡，他分析——許多過去曾經帶動創新的大企業，即使如今仍然傾聽顧客心聲，持續追求創新，但創新卻變得日益艱難，且屢遭新創企業超前。克里斯汀生將創新分為「延續性創新」與「破壞式創新」，並且從管理角度切入，說明兩種創新的差異及其限制，見解十分精闢。

在任一產品的市場中，企業為了抬高產品單價、增加獲利，或是打敗競爭對手，以贏得客戶青睞，會竭盡全力提升功能性。因此一般而言，從市場整體來看，產品的功能會隨著時間持續提升。

圖4的實線即顯示出，隨著時間變化，市場中產品功能提升的情形。克里斯汀生將產品功能持續提升的狀態定義為「延續性創新」，意指產品提供給使用者的價值種類並未改變，但持續改善提供手段，也就是產品的功能。不論是否刻意為之，大企業中一般的研發幾乎都在追求延續性創新。

圖4的虛線，呈現使用者對產品功能的要求水準。使用者的要求水準原本落在企業可達成的功能品質內，但到某個時間點後，市場提供的功能水準即超過使用者的要求，導致使用者

「過度滿足」。不過，即使企業提供的產品功能已經超越使用者的期待值，但若直接詢問使用者需求，他們還是會說「希望產品有更好的功能」，因此企業也就繼續追求功能的提升。

如果市場中只有企業與使用者，過度滿足的情況就有可能在某個時間點結束，雙方將安於適當的功能水準。但要是市場中還有其他競爭對手，則企業為了打敗敵手，就會持續追求提升產品功能。在《創新的兩難》中，克里斯汀生舉出各式各樣的產業與產品案例，解釋延續性創新與過度滿足發生的機制。

同時，他也針對有別於延續性創新的「破壞式創新」，說明其發生機制。「破壞式創新」是指比現有商品更便宜、簡單，操作更方便，卻又更優秀的商品，可為市場帶來與現有商品不同的價值標準。

提到破壞式創新，國際電話市場的改變就是極佳案例。如果現在想和海外朋友通話，Skype 會是我的第一選擇。而對各位讀者來說，不論是否使用 Skype，應該也都會將廣義上透過網路技術進行的網路通話列為首選。但在網路通話技術問世前，國際電話市場多是使用既有的電話線路。例如，NTT通訊等通訊公司就是當時的主角，它們採取前述的延續性創新流程，並以提供高品質的服務為目標經營事業。

然而，低於使用者滿意水準的產品卻在此時問世，也就是以 Skype 為首的網路通話服務。我還記得 Skype 一開始的通話品質很差，加上使用者不多，如果要用它來講電話，還得要求通

圖 4　延續性創新與破壞式創新的發生機制

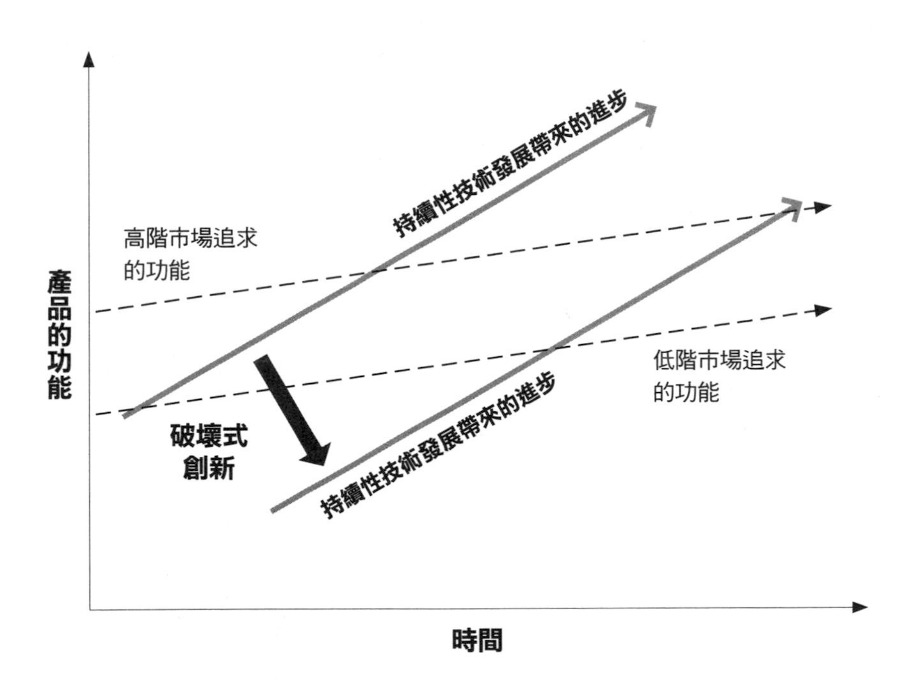

根據《創新的兩難》繪製

話對象先安裝應用程式。可是隨著通話功能逐步改善，並且達到一定普及程度後，人們就開始覺得，如果想和朋友聊天，用 Skype 不就好了嗎？

國際電話市場中原本充斥著大量過度滿足使用者，但市場的發展一旦超過某個臨界點，這些過去使用電話線的用戶就會突然轉向擁抱 Skype。儘管 Skype 的功能不如傳統電話，但它便宜、簡單，而且提供跟傳統通話方式不同的價值：能看見通話對象的表情。而促成這類創新的機制，正是克里斯汀生指稱的「破壞式創新」。

電信公司過去曾是開創國際電話市場的創新者，它們傾聽使用者的反應，認真改善功能，追求延續性創新。不過，這卻使得新興企業 Skype 得以乘隙而入，不僅改寫市場規則，還搶走使用者，迫使電信公司必須面臨「破壞式創新」的衝擊。這種左右為難的處境便稱為「創新者的兩難」。

克里斯汀生在《創新的兩難》後出版了一系列相關書籍，並於《創新者的解答》與《創新者的修練》中，將破壞式創新區分為「低階市場型」與「新市場型」兩種。「低階市場型」的破壞式創新，對抗的是占據市場的大企業群，以低成本的商業模式，搶攻被過度滿足且過度保護的顧客。「新市場型」的破壞式創新，不是從競爭的大企業手中搶奪消費者，而是提出新的價值，開發出新市場，以爭取尚無消費機會的使用者（圖5）。

圖 5　新市場型的破壞式創新

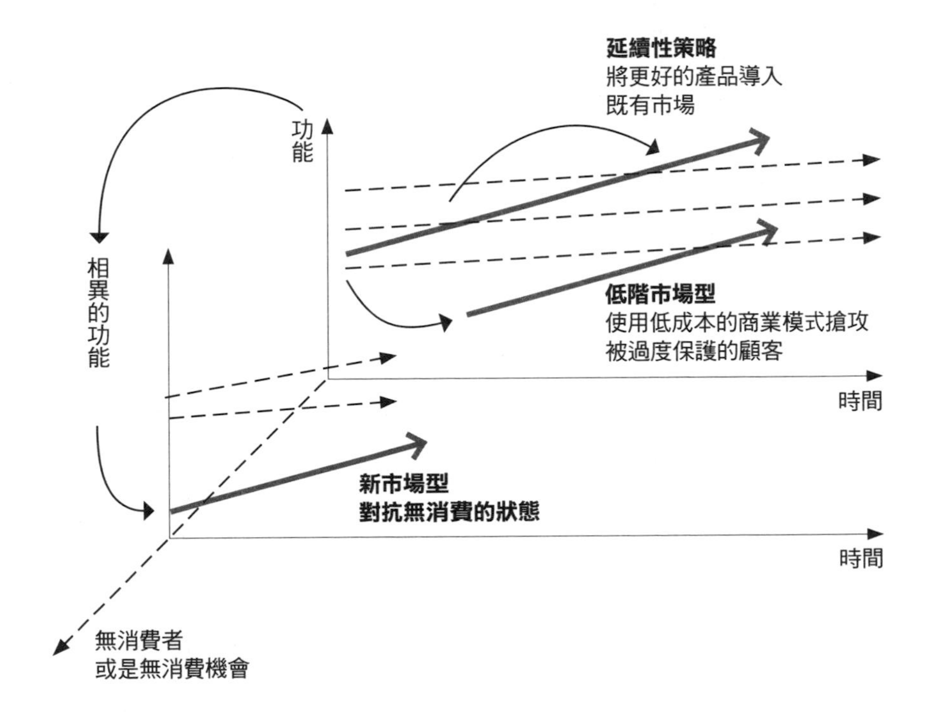

根據《創新者的解答》繪製

「低階市場型」是以需求獲得過度滿足的顧客為對象。由於市場上存在著只在乎價格便宜，即使功能不佳也無妨的顧客，因此這類型的創新不是去開闢新市場，而是從既有市場中搶奪顧客。另一方面，「新市場型」的事業與現有的商品與服務都無關，也不存在既有顧客，它們鎖定的對象是願付高價委託專家，以獲取價值的人。新市場型的創新，是要創造不同以往的嶄新價值，並傳達給顧客來推動事業。就結果來說，它們是與無消費的狀態對抗，進而開闢出新市場（圖6）。

近年來，「破壞式創新」，尤其是「新市場型創新」備受矚目。在「新市場型」的創新案例中，過去可舉索尼公司的隨身聽為例，它創造出可帶著音樂走的新生活價值，近期則以社群網路霸主 Facebook 為代表，它凸顯、擴大從人與人的連結中可產生的價值。

備受矚目的設計思考

該如何產生新市場型破壞式創新？我想從「設計」這個角度切入，介紹一本提出解決策略的書籍：《IDEA 物語》（*The Art of Innovation*）。

這本書的作者，是美國IDEO顧問公司的副社長湯姆．凱利（Tom Kelley）。「設計思考」即是由IDEO所提出的創新方法，此書也是相關的第一本書。湯姆．凱利和克里斯汀生一樣，都是全球創新業界裡非常有遠見的人。湯姆．凱利從東京大學 i.school 設立開始，就在諮

圖 6　創新的類型與特徵

比較項目	延續性創新	破壞式創新	
		低階市場型	新市場型
產生創新的主體	大企業既有的事業部門	新創企業、大企業的新事業開發部門	新創企業、大企業的新事業開發部門
競爭、對抗的性質	大企業間彼此競爭	大企業與新創企業的對抗	大企業、新創企業與無消費者、無消費機會的對抗
代表性方法、策略方針等	提高附加價值或壓低成本的競爭策略，或透過「設計思考」提升感性、體驗價值等	《創新者的解答》提出的破壞性創新策略，以及《逆向創新》（*Reverse innovation*）所提出的低規格、創造新的使用情境等	《藍海策略》提出的開發全新市場、「精益生產」提出的顧客開發策略、「設計思考」提出的發現新價值等
關鍵任務	傾聽顧客需求、改善既有產品的功能	探索、開發代替的先進技術	探索、開發機會領域，建構產品與服務的故事，形成使用者社群

詢委員會擔任行政委員，定期與 i.school 的成員討論，並為學生舉辦演講。

由於設計思考的定義與方法有較大的論述空間，因此有各界人士透過各式各樣的觀點介紹其方法。但我仍建議各位讀者，首先應該閱讀這本可以帶你重返原點的書籍。這本書的主旨以及設計思考簡單來說就是：別從技術層面著手發想，而是以田野調查的方式觀察使用者，從對使用者的同理心來發想點子。

我曾請教過湯姆．凱利：「為什麼發想點子的流程必須從田野調查開始？」他回答我：「進行田野調查最重要的一點，就是為了要和使用者產生同理心。」ＩＤＥＯ的ＣＥＯ提姆．布朗（Tim Brown）也曾在《哈佛商業評論》中提到這點。我認為設計思考的根本特徵，正在於「對使用者的同理心」。

不只是日本，全世界皆然，在製造業的技術革新獨擅勝場的時代，創新幾乎是技術革新的同義詞，生產者掌握主導權，生活者則理所當然被視為消費者。反之，設計思考則將生活者視為使用者，並抱持尊重的態度與他們溝通，因此這種思維能獲得多數人共鳴。

人們多半期待設計思考可活用於新市場型創新，往後人們也將繼續追問它真正的價值所在。而我個人認為，《IDEA 物語》提出一個簡單的概念，也就是「對使用者的同理心」，這正好是過去的創新方法中最缺乏的概念，所以我想將它定位為現代版的「創新聖經」。至於設計思考的優缺點，以及相關方法的解說與分析，第三章會有介紹。

設計思考還帶出另一個重要概念，那就是「設計」與「設計師」在創新上能發揮的力量。在此，我想略為說明創新與設計的新潮流及其背景。

創新X設計
——設計師的思考流程

設計思考當道，在研發產品、服務及開發事業的專案中，活用設計師思考流程的案例愈來愈多。而且，不只是方法本身，也開始有設計師參與研發的上游工程，也就是提出概念與定義使用者的階段。據我所知，日本政府也開始嘗試在提出政策時，引用設計師的思考方式做為方法或流程。

我雖然不是設計專家，但一直非常關心如何在創新中活用設計的方法與借重設計師。事實上，我擔任總監的顧問公司 i.lab，就將員工的專業區分為商業、設計、工程、研究四種。我認為對顧問公司而言，具備設計專業與素養的職員，和商業專才一樣不可或缺，因此，公司內常駐有二至三位設計背景出身的員工或兼職人員。而在東京大學 i.school 的教育課程裡，我們也一直對外招募具備設計專業的學生，邀請他們一同參與。

接下來我將說明，為什麼設計與設計師在創新上不可或缺？我會一面回溯其背景，一邊說明其必然性。

彼得．洛（Peter Rowe）在一九八六年出版的《設計思考》（*Design Thinking*）一書中，揭開了設計領域的挑戰。在這本書裡，將都市計畫與建築領域設計師的思考模式轉化為外顯知識，並且當成流程加以研究，現在讀來仍十分新鮮有趣。書中最重要的一點，在於不是將設計師的想法當成無法捕捉、須與即逝的專業知識，而是思考流程。書中提及的「設計思考」，與ＩＤＥＯ所提倡的設計思考略為有別，專指都市計畫與建築領域設計師的思考流程。

書中有一句很重要的話。彼得．洛提到，設計師必須處理「輪廓清楚的問題」與「輪廓模糊的問題」。輪廓清楚的問題就像聯立方程式，在二次聯立方程式中存在著Ａ與Ｂ兩個數字，即使不知道兩個數字為何，但只要有兩個可顯示其關係的算式，就能解題。換句話說，只要依循特定公式，就能找出解決方法，這就是「輪廓清楚的問題」。另一方面，「輪廓模糊的問題」則是根本不清楚問題何在，也不明白主題為何的問題。書裡提到，設計要處理的問題，泰半都是這類輪廓模糊的問題。而對社會來說，如何不忽略輪廓模糊的問題，並且處理，其實是十分重要的任務。彼得．洛還提到設計思考的願景，也就是為了因應上述挑戰，應該將設計師的思考流程一般化，以廣泛應用。

此書不只介紹與解釋設計師的思考流程，還提出可活用於社會的願景，就這點來看，它應該可說是連結現代創新與設計的重要著作。

接下來，我想談談《藍海策略》。這本書明顯偏向商業，而非設計領域。簡單來說，此書主張「不採用麥可．波特提出的競爭策略，在市場上廝殺對戰，將海洋染為腥紅，而是該航向藍海，也就是前所未見的新市場」。

在《藍海策略》中，作者不只概念性說明紅海策略的無意義，更提出應該導入創造新事業的思考框架，以及活用工作坊蒐集公司內部的精闢見解，並促成組織形成共識等。此書不只提出靜態的思考架構，還設計出動態的流程，這一點在商業領域的方法中很少見。

《藍海策略》所談的創新，並不是在既有市場中作戰的延續性創新，它主張透過提出「新的價值」，在有別於既有市場的全新市場中一決勝負。因此，也可以將它定位為克里斯汀生所說的「新市場型破壞式創新」的方法。

此書是由任教於歐洲工商管理學院（INSEAD）的金偉燦教授等人所著。金偉燦在創新管理領域中，與提倡策略論的波特、提倡創新論的克里斯汀生等人齊名。本書的出版略晚於《IDEA 物語》，並於二〇〇五年席捲全球。此書的重要性，在於從商業的角度出發，提倡創造新價值與開發新市場等關鍵詞，同時提出具體方法。在此書出版十多年後的如今，這些關鍵詞與方法則和設計思考的趨勢合流，此書也因此被定位於商業與設計的交會點上。

我認為，創新與設計就是在前述背景下，成為廣獲全球接受的新潮流。就連很慢才跟上這股世界潮流的日本企業，也有愈來愈多借助設計與設計師的力量，透過開創新價值與新市場以開發事業。尤其是從二〇一五年下半年開始，製造業界的類似活動日漸頻繁。事實上，在日本經濟產業省二〇一六年的製造業白皮書中，就介紹許多創新×設計的案例。[7]

最後，在創新方法上，我想比較歷來位居主流的以技術為本的方法，以及較常提及設計等關鍵詞的以人為本的方法，並將兩者的特徵整理於圖7。

舉例來說，製造業者過去擅長的方法，是以開發與探索先進技術為主，相較於找出模糊不清的問題，他們更關心如何回應顧客已經存在的需求。他們生產的產品注重功能性，而非感性，公司內部則由工程師與業務主導發言。另一方面，以人為本的創新方法近年廣受矚目，這類方法追求的是理解問題輪廓模糊的與人和社會相關的議題。相較於找出解決方法，更關注如何修正設定的主題，重視感性勝過功能。而過去在其他領域活用這類方法的人，主要是設計師與建築師。

圖 7　以技術為本 vs. 以人為本

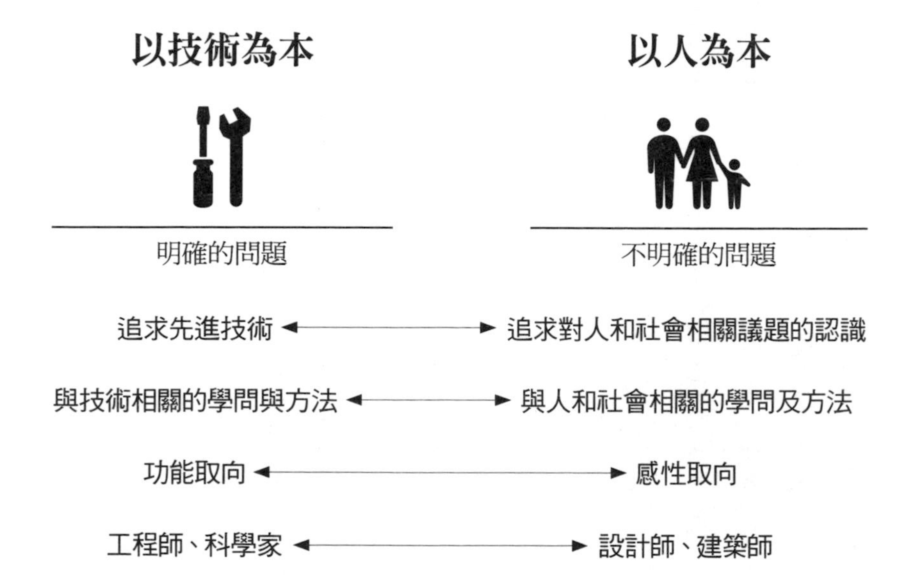

大企業也能創新
——讓點子付諸實現

說到創新，我們一般都會想到由年輕人創業、並追求快速成長的新創企業。克里斯汀生也曾在《創新的兩難》中提到，在破壞式創新的表現上，非既有事業的新創企業較具優勢，他也同意「創新＝新創企業」的看法。或許這是因為大多數人都認為，大企業太過保守又僵硬，無法產生創新，所以不抱任何希望。不過，大企業還是有創新的機會。

判斷一個點子是否有創新潛力，多半可透過兩個標準評量。其一是與現有的產品、服務，或是商業模式比較，以判斷點子的「新穎性」；其二是分析點子的「影響力」，也就是預期它對未來的市場與社會造成何種經濟及社會效果。

如果從這兩個標準檢視，點子都可獲得高度評價，那麼即使它仍處於概念階段，長期來說，仍有可能對人的行為與價值觀帶來巨大且不可逆的改變。如此一來，我們就能假設它是比較有機會帶來創新的點子。當然，有的點子即使現階段在這兩個標準檢視下差強人意，仍然可能產生創新，並在未來贏得肯定。但若想更有效率分辨出創新點子，從這兩個角度來評量是一個可行的做法。我也將從這兩個標準，說明大企業為什麼非常可能引發創新。

多數大企業思考方式保守，很難力挺沒有前例的創新發想與行動，再加上經營系統重視效率，確實很難從新穎性與影響力這兩個標準去評估點子。

要判斷點子是否具備新穎性，必須要有分析點子的卓越見識，與深入理解價值的能力。而對影響力的評量，則因必須基於假設推測，本質上有不確定性。大企業在組織龐大、決策過程複雜，且權限分散下，往往難以達成共識。因此，在提出點子，或是在公司內部形成共識的過程裡，新創企業的確較具優勢。

不過，假設大企業採用某些方法或提供支援，讓公司內部出現了一個高水準，擁有新穎性與影響力的點子，並決定推動，那麼，在執行上，大企業或新創企業哪一個更可能實現有創新潛力的點子，對社會產生影響力？顯然是大企業較具優勢。舉例來說，如果是新產品的點子，大企業可在技術面進行調整實現點子，並於生產面備妥量產體制，同時在流通面，也就是在實際將產品送至使用者的結構中，也掌握了經驗、資源，以及網絡。

新穎性愈高的點子，這種狀況尤其明顯。創新點子無論對消費者或企業來說，都是第一次接觸，因此企業必須刻意使用熟悉的架構與接觸方式，以吸引人嘗試。舉例來說，如果是家電製造商，原本就掌握現有商品的流通網絡，特別是賣場中的銷售架位，在這一點上就有極大優勢。而對從事B2B事業的企業而言，則可在既有商品中夾帶新產品，一併推銷給既有客戶，這也是優勢所在。

換句話說，產品或服務的新穎性愈高，在流通架構上，以及引導消費者接觸的方式上，愈應該利用門檻較低的管道。新創企業必須打造全新的流通網絡，大企業則不須從零開始，這就是極大的優勢。

索尼公司從二〇一四年起推動「SAP」計畫[8]（Seed Acceleration Program），這是一項直接由平井一夫社長管轄的事業開發專案，掌管無法在既有部門中產品化、事業化的點子。SAP的架構曾在日本經濟產業省主辦的「日本新創大獎」中，贏得二〇一五年度的「公司內部創業人獎」。

智慧鎖「Qrio」[9]就是從SAP計畫中誕生的產品。據說，Qrio從提出原型（包含商務運作與商品概念）、建構商業模式，到成立公司為止，僅僅費時七個月。據我所知，早在二〇一二年夏天，就有一間矽谷的新創企業投身智慧鎖研發，但是在實踐產品概念的技術階段遇上困難，遲遲無法推出。相反的，索尼公司因為充分掌握製造業的訣竅與實績，一旦有心將智慧鎖產品化，只需要短短七個月就能製作原型，並建構出商業模式。

這正是大企業在創新上具有優勢的絕佳案例。大企業內部一旦達成共識，就能活用長年以來在既有事業中累積的經驗、流通管道，以及品牌等力量去實現想法，照理說也能比新創企業更迅速、更有效率地將嶄新價值提供給使用者。

如何產生新點子？——扎根於文化的新概念

受到前述背景影響，近來在創新流程中，除了技術研究、產品開發，以及設計開發外，在更上游的流程，像是「帶著音樂走路」這類創造或改變產品與服務的「概念」也備受矚目。接下來，我想談談創新中不可缺少的「概念」是什麼，以及為何不可或缺。

我認為，欠缺可開闢市場的新概念，正是日本製造業的弱點。日本的製造技術深獲好評，也擁有高品質的量產體制，製造業技術水準之高，在全世界廣獲信賴。舉例來說，iPhone5的零件中，有超過一半來自日本零件廠商，從這一點即可看出日本卓越的技術能力。[10]

然而，儘管日本擁有傑出技術能力，足以支援具有嶄新概念的商品，但卻無法像蘋果公司一樣創造出這類產品。因為一直以來，日本企業都重視確保技術層面的優勢，對於與人相關的使用體驗、行為改變，以及社會變化的徵兆等，則欠缺足夠的考察。然而，除了產品的商業運作外，企業還應該將使用者的使用體驗、行為改變，以至於社會變化納入考量，各個環節朝同一個方向彼此協調，但日本很缺乏這種具備整體觀的概念。而且，日本企業既不擅長創造概念，也不善於顛覆既有產品的概念。我認為，蘋果公司的產品雖然不刻意討好使用者，卻能讓使用者感到雀躍，聯想到嶄新的使用經驗，這正是創新產品概念的力量。

日本企業的當務之急，正是將蘊含原創新概念的事業推向世界。

若和英語圈、華語圈相比，日語圈的市場規模不算龐大，英語圈的市場規模約為日語圈的十倍左右，華語圈則高達日語圈的十五倍。不過，日語圈市場仍有一億二千萬以上的規模，即使只是將歐美流行事物直接輸入日本，也可成就一番事業。

可是，這種現學現賣的行徑非但不上不下，在全球化持續發展的現代社會，也無法預期能獲得長期成功。面對眼前這些難題，今後我們需要的究竟是什麼？我認為，答案正是向全世界推出具有新概念的事業，而這新概念可以來自原有的文化。

目前在全球市場奮戰的日本企業，也都是倚賴根植於日本文化的概念，例如豐田汽車、無印良品（良品計畫）、LINE 等。LINE 原本雖然是一間韓國公司，但主要服務內容與開創的市場與日本密切相關，因此我將它視為源於日本的創新案例。這些企業的共同點是，它們的事業、產品，以及服務概念，均扎根於日本文化中。

豐田汽車的全球銷售總數，已於二〇一三年突破一千萬輛。一九三五年制訂的「豐田綱領」是這家企業最重視的組織文化之一，這是豐田佐吉去世後，由豐田利三郎與喜一郎彙整的遺訓，至今仍是集團精神的原點。裡頭隨處可見日式價值觀，例如：禁奢，重視質樸剛健，打造良好家風等。一九九二年制訂的「豐田基本理念」也繼承此一精神，直至今日。

豐田汽車所生產的產品，也讓人充分感受到這些信念，諸如可供全家安心使用，值得信任的品質、設計，喚起與自然共生意識的PRIUS，以及不過分華美、質樸剛健的LEXUS等。此外，豐田和客戶的溝通方式，也讓人感受到前述的家訓風範。

一九八〇年誕生的無印良品，原本是源於對消費社會的一種反命題。截至二〇一六年二月為止，無印良品在日本國內已設立三百一十二間直營店，並於海外二十五國擁有三百四十四間店。無印良品提倡非名牌（無印）的好品質商品（良品），產品簡單素雅，不強調華美，省略生產工程中的浪費，長年以來廣受消費者喜愛。這種從素簡中發掘美感與價值觀的姿態，令人聯想到茶道中的美學意識，兩者有異曲同工之妙。這種根源於日本文化的美學，現在在海外也贏得肯定。

自二〇一一年六月啟用以來，累計註冊用戶已突破十億人的LINE，也是一間活躍全球的企業。LINE和其他社群網路服務最大的差別，在於它的服務設計不是建構擴散式的人際關係，而是以促進熟人間的活絡溝通為目的。

LINE最具代表性的功能「貼圖」，就是一項相當重要的工具；使用卡通插圖，可以拉近距離，同時表達言語難以傳達的意涵。相較於連結不特定多數的陌生人，不如追求與身邊的人更和諧的關係，這不就是日本的文化嗎？

如前述案例所示，在全球各地開疆闢土的日本企業，都擁有根植於日本文化的概念。他們不是向外取經，而是將在這塊土地培植出來的特色做為概念，我認為這正是企業現在必須做的事，在全球市場的創新策略上也很重要。不複製其他公司的概念，或製造跟別人差不多的商品，而是提出根植於文化的新概念，如此長期下來，才有機會贏得全球的敬重。

緊接而來的問題是，嶄新且強而有力的概念，如何自大型組織中誕生？這個問題雖然沒有唯一答案，但有幾個很好的切入角度，那就是①人才、②流程、③體制這三點。本書第二章將聚焦於人才，第三章與第四章討論流程，第五章會介紹具體案例，最後在第六章，我將從管理的觀點進行整合性的討論（圖8）。

圖 8　本書對於創新管理的觀點

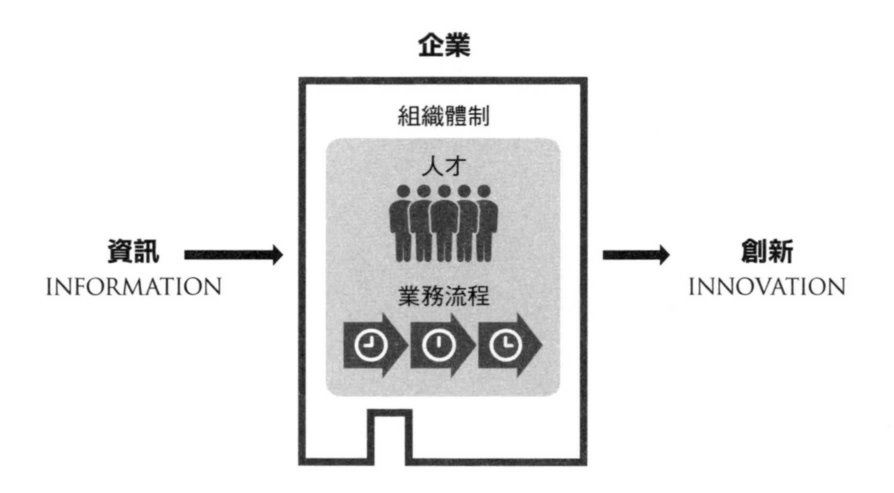

第2章

創新人才的培育

——以東京大學 i.school 為例

東京大學 i.school 的創新教育
——五大哲學

東京大學 i.school 開設於東京大學內，[11] 是一個主要提供東大學生學習創新之道的教育課程。二〇〇九年，i.school 在東京大學知識結構化中心內成立，最初的授課對象是碩士班學生，之後因為希望參與的學生人數增加，所以現在也分別開設適合大學部和博士班學生的多元課程。

同時，課程目前也開放產業界以贊助企業的身分參加。從年輕職員到管理階層，社會人士也能一起參與，來此學習創新之道。不論是學生或社會人士，舉凡修畢指定課程，並擁有一定學習成果，都能獲得東京大學知識結構化中心授予修課證明。

其中，為大學部學生設計的課程（i.school KOMABA）可計算學分，但碩士班（i.school）與博士班（i.school EDGE）的課程，並無法抵免學分或學位。因此，學生都是評估個人未來的發展後，在強烈動機下主動參與。

i.school 奉行以下五大哲學。

以人為本的創新

i.school 認為，人類至今所創造出的技術、社會體系，以及文化等，對每個人而言都有其價值，更是為了追求幸福所發展出的成果。而為了實現可長長久久的幸福，需要立足於對人類及社會實際且全面理解而來的創造。

來自知識結構化的創意思考

i.school 所提供的創造流程與方法，不是為了幫助學員產出靈光乍現的點子，而是希望有助於發現重要的事實，進而發想出關連性的點子。在不同領域的人共同合作時，這些方法與流程也能成為思考時的共同語言，促進溝通順暢。

培育創造所需的新領導力

i.school 希望培育新型態的領袖。所謂新型態的領袖，指的是具備展望商業與整體社會的寬闊視野，勇於挑戰創造性主題，又可達成目標的領袖。他必須有創新的點子，能與各個層面的利害關係人合作，並且讓改變實現。

轉化社會問題為創新機會

除了歧視、貧窮、種族衝突、環境破壞等根深柢固的社會問題外，現代社會還存在著地球暖化、出生率下降、高齡化、水資源不足、食糧匱乏等許多有待思考的難題。i.school 不是逐一找出解決各個社會問題的方法，而是認識社會問題的整體，並視為創新機會。

提供實際體驗

i.school 會提供學員訪談生活者，以及與企業合作的機會。實際體驗有助於發想點子，也是達成創新的踏板。

在通往創新之路的整體圖像中，i.school 的教育目標設定在從0到1的「創造」領域，也就是提出新產品、新服務、新商業模式，或是新的社會體系的點子。之後，從發想到「實現」的過程，可以從1到10劃分出多個流程。在市場中推出想法，使之普及的「擴大」流程也一樣（圖9）。

同時，i.school 還是一所創新中心，以創新教育這個關鍵詞，串聯日本與世界、學界與產業界。舉例來說，除了東京大學的教授外，i.school 也從海外傑出的結盟大學延攬研究者、教育者，以及活躍於產業界，任職於設計顧問公司的實務專家，一起合作，提供世界最高水準的

圖 9　通往創新的路程

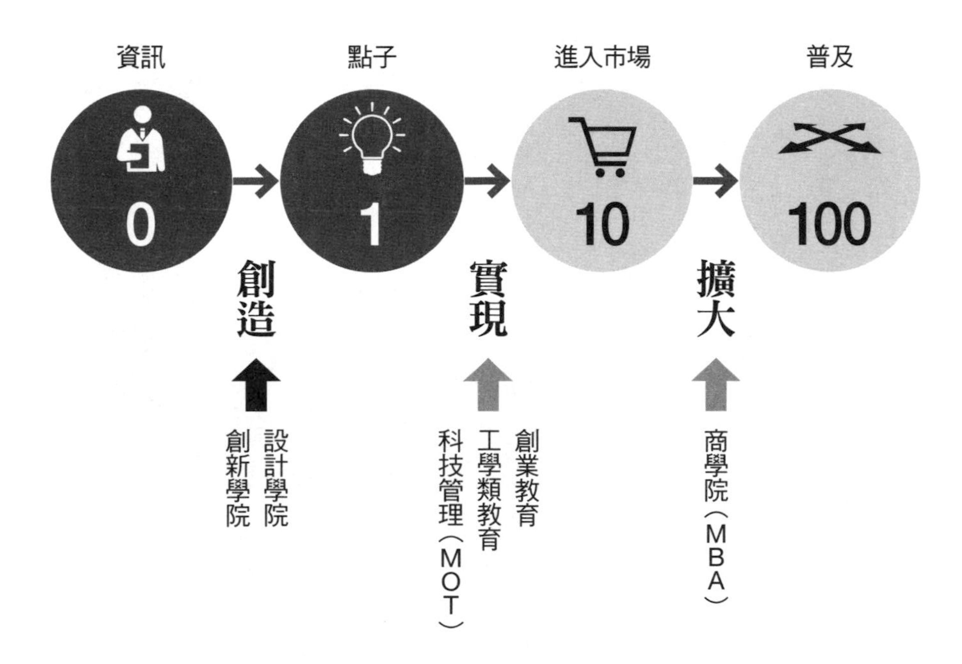
資訊
點子
進入市場
普及
0
1
10
100
創造
實現
擴大
設計學院
創新學院
創業教育
工學類教育
科技管理（MOT）
商學院（MBA）

創新教育課程。

i.school今年將邁向第十年，海內外的合作大學與企業也持續增加，包括英國皇家藝術學院（Royal College of Art）、芬蘭阿爾托大學（Aalto Univ.）、韓國科學技術院工業設計系（KAIST ID）、史丹佛大學設計學院〔Stanford Inst. of Design（d.school）〕、德國波茨坦大學ＨＰＩ設計學院（HPI d.school）、多倫多大學羅特曼管理學院（Rotman School of Management）、印度理工學院（Indian Inst. of Tech.）、博報堂、日立製作所、日本總合研究所、日本創新網路（Japan Innovation Network）、未來中心研究會、英國設計顧問公司ＰＤＤ、ＩＤＥＯ公司、美國ＺＩＢＡ設計公司等。

同時，各個贊助企業也派出新事業研發部門、產品研發部門，以及技術研發部門等菁英，提供產學並重的實踐式學習機會。

i.school與日本各大學的研究者及教育者間的網絡也持續擴大。例如二〇一二年，就與同樣提供創新教育課程的慶應義塾大學系統設計管理研究所（ＳＤＭ）、東京工業大學、九州大學藝術工學研究所、九州大學新創中心（ＱＲＥＣ）、東北大學仙台設計學校（ＳＳＤ）等大學的相關人員共同發表活動與研究成果，並設立創新教育學會，做為互相切磋的學習場域。

圖 10　扮演創新中心的東京大學 i.school

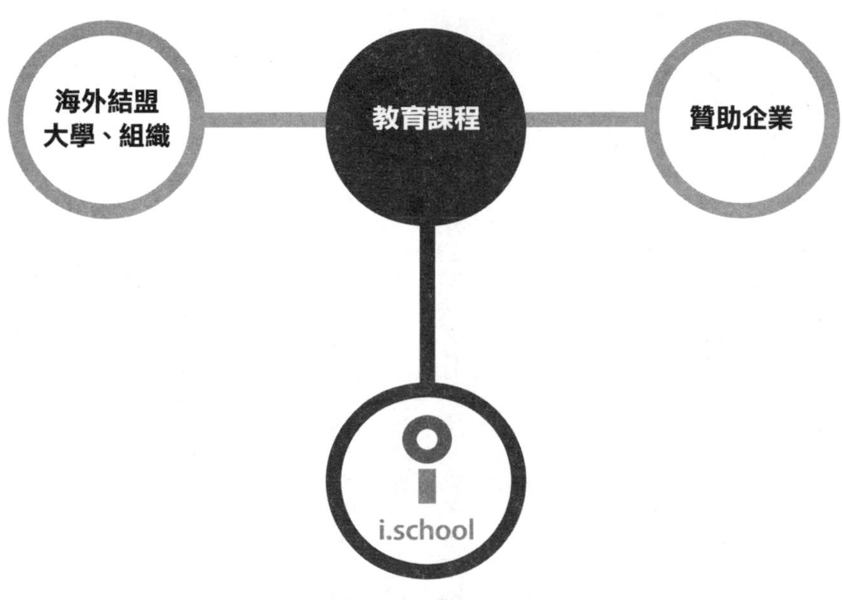

i.school有一個放眼全球的特色，那就是學員可橫跨式地學習各種世界上最先進的創新方法，而非只鑽研特定企業或大學提倡的單一方法。

i.school各個組織所提供的工作坊，即使特徵截然不同，但在思考方式、架構，以及思考訣竅上，卻存在著共通性。擔任主持人的講師不僅隸屬於不同組織，出身背景、專業也大異其趣，他們各自設計、舉辦工作坊教授創新，但每種創新方法中，卻存在著普遍性的思考方式與流程，這件事確實意義深遠。

我目前擔任i.school的總監，負責整體營運，所以即使身在日本，也能親眼拜見世界最高水準的創新教育課程，以及最頂尖的創新流程。而與工作坊的設計者一起討論，也使我個人獲益良多。從二〇〇九年以來，透過橫跨式的體驗與分析這些外部創新機構的方法，i.school也在內部建構出自己獨特的方法。

主張「以人為本的創新」，並培育人才

i.school主張的重要概念，是「以人為本的創新」。所謂以人為本的創新，就是從洞察人們的生活、社會狀況，以及文化背景為起點，進而創造出革命性的新產品、新服務、新商業模式，或新的社會體系，並對人們的生活型態與價值觀形成變化。「以人為本的創新」與「對使用者的同理心」，也就是設計思考的本質特徵有共通點。i.school為了深入理解人的生活與社會

狀況，十分重視田野調查，或拜訪使用者住家，實際觀察他們的作業方式。

不過，在以人為本的創新流程中，未必一開始就做田野調察或使用者訪談，也可能依據主題特性，先調查分析先進技術或既有的優質服務案例。不過，整體來說，以人為本的創新流程，還是最重視洞察人們的行為、價值觀、社會變化，以及文化，並且將之活用於創造新點子與實現方法上。

i.school 還有一個重要的教育目標，那就是培育「創新人才」。說到創新人才，很容易讓人聯想到「創新者」，也就是如賈伯斯、井深大、盛田昭夫、本田宗一郎等走在時代前端的創業家。不過，i.school 所說的創新人才跟這些創新者有些不同。

創新不必然只出現在由個性鮮明、能力特出的創新者所領導的新創企業中。即使是已經成熟的企業，經由巧妙的管理引導與內部創意合作，進而催生出創新的案例也很多，任天堂的 Wii 和豐田汽車的 PRIUS 等就是例子。

在 i.school 中，我們試著想像，在已經擁有許多成熟大企業，市場本身也很成熟的現代社會，一個極可能引發創新的人物應該是什麼樣子？

思考的結果，我們決定以培養具備下列能力的人才為目標，包括：可在龐大且成熟的組織中，引導創新的活動；發揮領導能力，推動業務改革；可匯集設計專案所需的資源。符合這些特質者，即是創新人才。我們不拘泥於能力特別的創新者，而是希望培養出更柔軟、更具彈性的創新人才。

另一方面，自行創業，成為創新者的 i.school 校友也持續增加。據我所知，至少就有超過十位結業生步上這樣的職涯，他們有的是大學畢業後前往海外留學，之後留在當地創業，有的則是離開企業後創業，背景各有不同。

自二〇〇九年 i.school 創立以來，這些參與教育課程，上課次數與嫻熟度達到一定水準的學生，即以結業生身分步出校門。目前結業生總計約百人左右，其中有些人已經在創新上有些表現，也有人目前正在準備，敬請各位期待這一百位未來創新人才將來的表現。如果各位有興趣深入了解 i.school，請參考《東大式——改變世界的創新製作方法》[12]，以及 i.school 官網。

頻繁舉辦工作坊

工作坊是 i.school 最重要的課程，以下我想介紹一個工作坊的案例。

工作坊案例：「生活中的機器人 Robot Meets Life」

二〇一三年，我們舉辦了「生活中的機器人 Robot Meets Life」工作坊，刻意嘗試從技術面發想點子。工作坊的主持人除了我，還邀請機器人工學研究者遠藤謙（索尼電腦科學研究所），以及產品設計師村越淳（當時為千葉大學特任助教），讓思考方式不同的專家（以科學技術為本及以人為本）齊聚一堂，挑戰在兩種思維的交叉點上發想點子。

一般認為，機器人技術是日本傲視全球的優勢技術之一，這些技術能力也的確在產業機器人領域中獲得充分發揮，在全球受到一定矚目。但若觀察日常生活，情況又如何？在二〇一三年當時，軟體銀行（Softbank）的機器人「Pepper」尚未問世，放眼日常生活中，除了 iRobot 推出的掃地機器人「Roomba」外，幾乎看不到任何與機器人相關的事物。

像是原子小金剛、哆啦 A 夢等，過去我們夢想有機器人相伴的未來生活，真的會來臨嗎？在這個工作坊中，重新檢視了機器人技術的特有價值與可能性，一邊穿梭在機器人與人、夢與現實之間，一邊挑戰設計與機器人同在的未來生活。這是一個極富挑戰性的工作坊，學員也能感受到，i.school 所提倡的融合以人為本與以技術為本的創新。

步驟 1：調查、分析現有的機器人

新點子不會無中生有，而是來自既有知識的組合。工作坊開始之初，所有參加者都先蒐集並分析已經存在，並且引起他們興趣的機器人案例。這些分析是從機器人的技術功能，以及機器人所提供的價值這兩個面向切入，再將分析結果整理為一張張卡片。

步驟2：探索新的組合

把現有機器人的功能與價值抽離出來，成為一個個概念，然後再應用這些概念提出點子。一開始，可以將抽離出來的功能強行加在我們身邊的物件，例如：「如果把Roomba那種四處轉動的功能加在椅子上會怎麼樣？」、「如果將懸浮功能加在LED元件上將會如何？」學員就像這樣持續進行實驗性的強制發想，探索具備新價值，又能存在於我們生活中的機器人點子。

步驟3：快速做出原型

在腦中形成的概念或點子只是空中樓閣，為了能充分想像，這些機器人在我們生活中如何運作，生活又將因此產生什麼改變，我們使用日常用品將點子具體呈現，做出機器人的原型。透過製作原型的過程，成員能更深刻理解使用者的體驗，包括使用者如何使用、使用後的感覺如何等。因此這個步驟除了呈現構想外，也能進一步改善概念的內涵。

這是一個為期兩天的短期工作坊，不過，每一個團隊都十分靈巧地運用以技術為本的發想方法。同時，他們還善加利用機器人技術，提出十分可親的機器人點子，即使出現在生活中，也不令人感覺唐突。學員想出的點子，包括寵物機器人型拖把，它具備蛇型外觀與驅動系統，可以鑽進各種縫隙和攀上高處，還有抱枕型機器人，它表面布滿胺基甲酸脂球，能溫柔承接累倒其上的使用者。機器人工學研究者遠藤謙說：「我可以想像應該運用什麼技術製作蛇型機器人，現在就迫不及待想嘗試製作出來。」他從實現可能性的角度切入，對這些未必熟悉機器人技術的 i.school 學員給予肯定。

產品設計師村越淳在評論同一個蛇型機器人時也提到，「這個想法之所以比其他想法突出，正是因為捨棄吸塵器的功能。一般機器人的優點就是具有多功能，他們將各個功能一一抽離出來，最後，只鎖定其中的簡單功能，這是他們勝出的原因。」

我認為，像這樣能聽到從各種不同角度切入的專家評論，對學生來說也是一個好機會，可以鍛鍊他們檢視構想的能力。

一般而言，能帶動創新的優秀點子，除了個性鮮明外，通常還能與各種市場環境、技術準備狀況、使用者體驗等配合得很好。為了產出這樣的點子，不只是發想階段，在篩選點子與進一步改善品質的階段，也必須採取多樣的觀點評估，然後在各個面向都處於最佳狀況下，進行微調與精煉的思考作業。為達成這個目標，聽取來自不同觀點的評論，包括多位專家的意見等，會是十分有用的做法。

線上教育的挑戰

i.school 的創新教育課程通常採取工作坊等形式，讓成員直接面對面進行。這種方式的優點是方便交換意見，容易培養出積極的氣氛。可是另一方面，從課程普及的角度來說，也面臨參加人數受限、講師人才不足等有待解決的難題。

除了以工作坊為主的授課型態外，我也十分關心其他可能性，並於二〇一四年開始挑戰線上教育。

我們與提供線上教育服務的 Schoo 股份有限公司合作，在該公司發布影片的平台上（https://schoo.jp/guest），採取一次六十分鐘，總計五次的授課，以及一次九十分鐘，總計三次的簡易工作坊形式課程。當時的合作得到全國許多大學的熱烈迴響，Schoo 並於二〇一五年三月，宣布將與法政大學、早稻田大學等十所大學合作。

線上教育領域，無疑是現在即將產生破壞式創新的產業領域，大學教育也面臨相同狀況。如果東京大學 i.school 在線上教育的嘗試，能指出新的可能性，不啻是個好的發展。東京大學 i.school 的課程目前在線上仍可免費收看，有興趣的讀者請務必一看[13]。

創新人才應具備的條件
——動機、心態、技能

創新人才如果想追求自我成長，並培育下屬，應該設定什麼樣的目標？接下來，我將具體說明東京大學 i.school 對此設定的目標。另外，我也將介紹日本經濟產業省一份頗值得玩味的調查結果。

統籌東京大學 i.school 活動的行政總監堀井秀之主張，若要成為創新人才，應該具備三個條件，分別是：動機、心態，以及技能。三個要素中，又以動機最為重要。

所謂的創新動機，包括找出耗費一生也要付諸實現，並向社會提出的想法；找到想貢獻自身專業的社會問題與事業領域；以及找到自己追求創新的理由等。

在面向社會產生創新的流程中，並非只要提出有趣的點子，任務就宣告完成。為了付諸實現，還要與各方人士溝通，爭取協助，也可能會遭遇令人萌生退意的困難。這種時候，絕對需要足以獲得他人共鳴，願意一起努力的理想，以及能激勵自己的動機。

點子愈創新，也就是在市場中愈是前所未見的產品、服務及商業型態，付諸實現的過程也愈艱困。使用者一開始也可能完全忽略新點子的價值，甚至不屑一顧。而那些曾經拚命推動、促成現有成果，並因此升職的高層幹部，對於跟自己當年立下汗馬功勞的事物截然不同的點子，一開始都會保持質疑的態度。在這樣的環境中，肩負期待，希望能創造出創新產品、服務及商業模式的創新人才，將會陷入孤獨的困境。

我對這個點子到底有多大的熱情？我真的相信它嗎？真的想實現它嗎？這些嚴苛的自我質疑每天重複上演。在追求創新的過程中，面對這些質疑時，自己是否有肯定的答案，可說是決定成敗最關鍵的因素。就連我自己，在承擔經營責任時，也是日日重複這類自問自答，而關乎客戶專案時，則是以顧問公司負責人的立場陷入掙扎。我就是一邊和這些壓得人喘不過氣的不安與掙扎相處，一邊鼓舞自己向前邁進。在這樣的生活中，最重要的因素——動機，就是每天的安身之所。

接下來我想談談心態。所謂的心態，指的是習慣採取的思維與觀點。具體來說，我期待參加 i.school 的學生具備如下心態：

①愉快積極地參與

- 創造性的思考與行動，本質上就是十分愉快的事
- 不受過去的研究方式或工作方式限制

・享受前途未明、模糊曖昧的感覺

②認真參與

・每分每秒都應認真參與，以培養出獨立思考，並加以實踐的能力

・發生衝突時，將它變成建設性的衝突，而非破壞性的衝突

③理解他人並予以尊重

・不驕傲，但對身為這個匯聚各種年齡層、專業，以及才華者的團體一員自我肯定

・團體中會有跟自己不同的人，或是團體本身跟自己過去參與的團體不同，為了享受差異帶來的樂趣，要能理解他人

・如果希望別人理解、尊重自己，首先應當以同樣標準自我要求

要用文字說明這些內容並不容易，不過自從開始參與 i.school 之後，我的心態也出現明顯改變，特別是開始期待能與思考特性和思考流程與自己不同的人共事。這同時也讓我意識到，我在大學、研究所，以及之前服務的顧問公司中，身邊聚集的多半是和自己十分相似的人。身處其間時，雖然覺得那是相當多元的環境，但現在回想起來才發現，當時的多元性恐怕是來自熟練度、專業領域的差異，和思考方式與價值觀的多元仍有不同。

發現來自不同專業領域的學生，即使不如我熟練，但在訪談生活者時，卻擁有十分精湛的

洞見，我非常興奮，彷彿找到新對手或新夥伴。我認為接下來也必須打造利於發展創新的多元環境，最好能讓自己在十年後回顧現在時，可以湧現「當時真是太單調了」的感慨。

最後，我想談談技能，同時介紹 i.school 主張應當習得的兩大技能。

第一項是創造嶄新價值的能力。換句話說，就是在面對創造性的主題時能提出點子，也就是具有創意。與創新相關的教育機構，幾乎百分之百都會將創意設定為目標。

許多書籍和網站都介紹過棒球選手鈴木一朗的名言，我非常喜歡下列幾句話，常與人分享。提出新點子與揮出安打，雖然是兩件不同的事，但他這幾句話蘊含非常豐富的啟示，正可做為努力提升創意時的參考。

「我不是天才，因為我可以說明自己為什麼打得到球。」

「我們必須更清楚地意識到，自己無意識中採取的行動。」

第二項技能，則是有能力設計出一套發想點子的流程，以因應需要創造力的課題。據我所知，世界上沒有其他創新教育機構或設計學校標榜過這個目標。相較於全球其他創新教育機構，i.school 的根本特徵就在於強烈意識到這個目標，並且提供相應的教育課程。

事實上，i.school 從二〇一四年起，就開始提供學習設計創造性流程的機會。具體來說，是以在高等教育機構從事創新教育的教職員為對象，提供他們設計與主持工作坊的教育課程，總計有超過五十位來自全國各大學與高等專門學校的教師參與，也有效建立起教職員間的人際網絡。我也參與課程設計，並擔任講師。與這些實際在各地從事創新教育的學員交流時，內容品質極佳，對我來說也是一個有助提升個人見識，令人樂在其中的機會。

不只是教職員，我們也提供以學生為對象的課程。我們邀請已經達成第一項創意技能目標，並可提出新點子的 i.school 結業生，為學弟妹設計工作坊並擔任與談人，讓他們有機會從更高的角度俯瞰工作坊。例如，前文提到的 i.school KOMABA（為大學部學生設計的課程），就是他們下一個挑戰，他們可在此發揮個人的學習收穫，肩負起設計和主持工作坊的職責，將創新的教育機會傳承下去。

有別於大學的研究者與教職員，這些學生主要是今後希望活躍於產業界的人，提供他們這個機會，不只是希望他們有能力設計出培育人才的教育課程而已。或許有些敏銳的讀者已經察覺到，這些為期數日，針對特定主題發想的工作坊流程，與企業內部為了推出新產品、新服務或新事業而費時數個月的專案，結構上十分相似。i.school 之所以重視流程設計能力，理由也在此。我們希望所有踏出 i.school 的學生，首先都要具備設計教育工作坊的能力，接下來則能在企業內部企畫設計出可產生創新的專案，並且管理。

要設計出對創造性主題的評估流程，不只涉及人才培育，也與設計和管理創新專案等大企業內部創新管理的重點密切相關。關於流程的設計，本書第三章與第四章會有深入討論。

以上介紹的是動機、心態、技能等三項要素。動機雖然最關鍵，但不表示非得最先具備不可。如僅有動機，行動與思考方式卻淪為空轉，依然不會是能產出成果的人才。i.school 會要求學生先記住內容相對固定，流程也已體系化的技能。在此過程中，心態必然會隨之改變。接下來，在同理生活者、並對他們有更深刻理解等以人為本的思考流程中，社會課題會逐步內化為個人課題，個人也因此產生動機。我們設計課程時，正是以這樣的成長模式做為前提。

創新人才應具備的能力
——「發現價值」與「實現價值」的能力

接下來，我想介紹一項調查結果，並說明創新人才應具備的能力。這項「開創新事業與人才培育及活用之調查」，是由日本經濟產業省主持，為的是調查並檢討大企業要創新應具備的人才與組織型態。負責設計與執行調查的「野村總研」採問卷形式，請已經有創新成果的「創新者」，以及大企業中一般職員進行自我評量，藉此調查兩者能力的差異。

這項調查的對象，包括十五位曾經在大企業內有創新成果的「創新者」，例如開發NTT DOCOMO「i mode」的夏野剛等，以及三百位任職大企業的一般職員。問卷中調查的能力，可大致區分為「發現價值」與「實現價值」兩個能力群組，兩組所涵蓋的具體能力如圖11所示。我將發現價值的能力，定義為從0到1的「創造」能力；將實現價值的能力定義為從1到10，進而到100的「實現」與「擴大」能力。[14]

這項調查結果的重點是，在發現價值的能力上，所謂的「創新者」遠較一般職員獲得更高的評價，這應該符合各位讀者心中的假設。另一方面，最值得玩味的一點是，創新者實現價值的能力與一般職員沒有明顯差距，兩者幾乎呈現相同水準。這些結果顯示，一般職員想生產出創新商品或服務，問題是在於發現價值的能力，也就是從0到1的創造能力。而在實現價值的能力上，其實一般職員也可能具備充分水準。這也顯示，缺乏發現價值的能力正是無法創新的瓶頸所在。

這項調查雖然是以個人為對象，但本質上與第一章介紹的一個重點相關，也就是大企業挑戰創新時，在技術與產品流通上具備較大優勢。相較於新創企業，大企業原本就具有高水準的價值實現能力，因此如果可以提升組織發現價值的能力，就可能突破創新的瓶頸，促成組織產生質變，轉型為可持續產生創新的組織。

顧問的能力指標
——管理、創造及特殊技能

前面聚焦於創新人才必備的要素與技能，本章結尾，我想談談 i.lab 以「創新顧問」的角色支援創新時，著眼於哪些要素與技能？又如何進行人員配置與人才培育？儘管此處討論的是顧問必須具備的能力，但我認為在企業中擔任創新專案的核心成員，應該也需要具備相同的能力。

各位聽說過「勇者鬥惡龍」這個電玩遊戲嗎？在這遊戲裡，勇者、戰士、魔法師，以及僧侶等不同職業的成員，會組成一個團隊，一起邁向打倒魔王的旅程。每位成員的基礎能力都包括代表體力的 Hit Point（HP），以及代表魔法力的 Magic Point（MP）。成員在遊戲中的經驗值上升後，將有機會升級，提高基礎能力，同時可依據不同職業，習得更精深的魔法。

i.lab 的人才管理，其實就和「勇者鬥惡龍」的運作邏輯相同。i.lab 顧問的基本能力是「管

圖 11　「創新者」與「一般職員」能力水準的比較

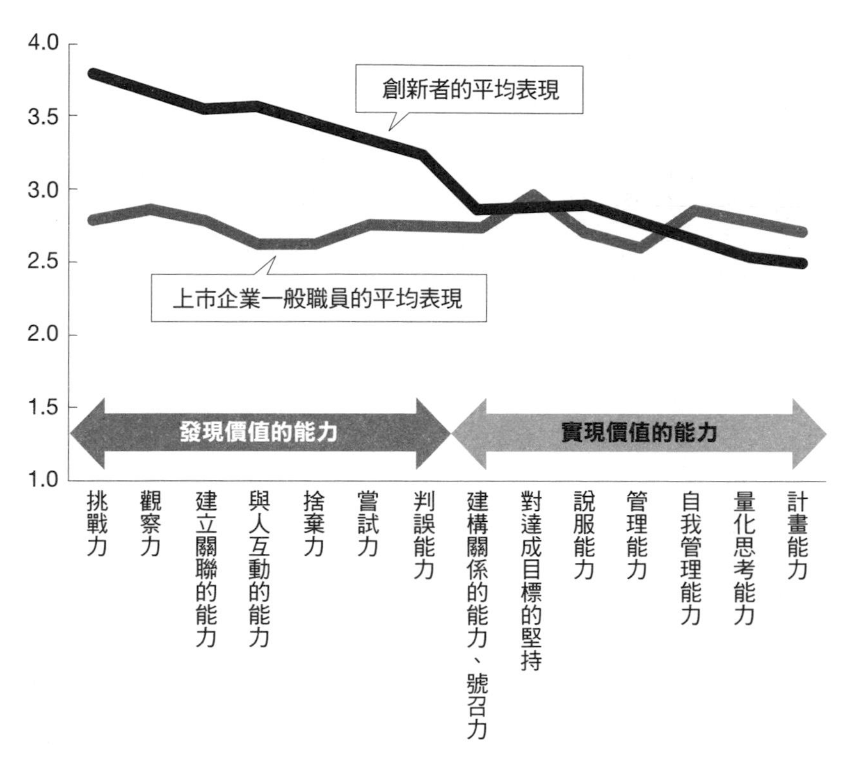

根據「創新的『人才』與『組織』」
（野村總合研究所，《智慧資產創造》2013 年 1 月號）製作

理技能」（相當於「勇者鬥惡龍」中的體力）、「創造技能」（相當於魔法力），以及 i.lab 獨創的「特殊技能」。

管理技能是顧問工作的基礎，包括專案設計、任務設計、任務分配、時程管理、顧客溝通，以及決定專案方向性等基礎能力。創造技能不限於提出點子的能力，還包括各種與創造相關的基礎能力，比如在調查中有深入洞察的能力、改善點子的能力、檢核成果品質的能力等。

最後，特殊技能是讓員工自己設定能發揮個人特色的基礎能力。舉例來說，我的特殊技能是培育創新教育人才，以及以經營者身分進行統籌指揮。i.lab 其他員工的特殊技能包括創造優美藝術作品、拍攝美好動人照片，以及如同建築師般，調和理性與感性思考的能力等。我們盡可能不做嚴謹的定義，而是相對自由地開放員工自行設定。

管理技能與創造技能各分為四個階段，從等級0到等級3各有不同的要求水準（圖12）。這裡所討論的管理與創造都跟創新專案相關，儘管無法與一般業務的所需能力做比較，但我嘗試與一般商務人士的情況相比，以幫助讀者掌握概況。

創造技能的等級0，相當於一般年輕上班族的水準。一般年輕上班族在 i.school 經歷一年學習後，約可到達等級1。等級2則是在企畫相關公司或部門，能活用自己的方法，從事幾乎每天都得發想點子的業務約五至十年左右。

管理技能的等級0，相當於新進員工的水準，等級1大約是三十歲左右年輕商務人士的水

圖 12　i.lab 員工的基礎能力分級

等級	基礎能力	
	管理	創造
等級 3	可設計及管理整個專案。在專案中可隨機應變，重新設計各項任務。	有能力篩選出有潛力的點子，並將它的優點用語言文字表達出來。也有能力提升點子的品質。
等級 2	可設計、指示，以及管理專案中的各個任務。	提出的點子有一定品質，具有最後雀屏中選的潛力。
等級 1	可穩定完成分配的任務。	可穩定發想出一定數量的點子。
等級 0	要很辛苦才能完成分配的任務。	要很辛苦才能發想出點子。

準，等級2相當於晉升管理職前，擁有一定年資的社員。等級3則是有能力自行設定目標，設計並且執行流程數年，有創業經驗或於大企業內部有開發新事業經驗的人才。

i.lab 執行的每個專案都有經理人、領導人，以及一般成員。另外視專案情況，會讓實習的研究生適時擔任助理。前述管理與創造技能雖各有獨立的等級，但一般來說，會由接近等級3的人才擔任經理人，全權負責專案。平均能力為等級2者擔任領導人，負責專案的執行面。

冒險團隊中的四種專業

一如「勇者鬥惡龍」中有勇者、戰士、魔法師，以及僧侶，我也想談談創新專案中，相當於四種職業的專業。我將創新專案中不可或缺的專業，設定為商業、工程、設計、調查四種。四種不同專業的人都經常參與整個專案的策劃，但在流程中各有不同的活躍階段，員工也會在充分理解後有不同程度的參與。此外，考量人員的年齡與經驗等，也可能不是由單一人員負責單一專業的角色，而是採取例如以設計做為主要專業領域，調查做為次領域的方式進行。以「勇者鬥惡龍」為例，我個人鎖定的就是勇者的角色，負責讓各個專業有最佳表現，注意保持平衡，並掌握整體狀況。

專業的等級和基礎能力相同，從等級0到等級3，共分四個等級，各個等級應有的水準如圖13所示。不過，有別於基礎能力，不同專業者，或專業較低者，很難去評估專業領域中程度

圖 13　i.lab 員工的專業等級區分

等級	專業（調查、商業、設計、工程）
等級 3	在特定專業領域擁有十年以上的研究或業務經驗；不限創新業界，在其專業領域的學會或業界中，因為成績斐然廣為人知，表現在同世代中屬於頂尖者。
等級 2	修畢特定專業領域的博士課程，或具備相同程度的知識與研究成果。在該領域具有五至十年的研究或業務經驗，專業獲得肯定，例如獲邀參與公司內外部的演講，或被延攬為講師等。
等級 1	修畢特定專業領域的碩士課程，或具備同等程度的知識與研究成果。在該領域擁有三至五年的研究或業務經驗，有能力說明整個領域的概況，也有能力發表自己在專長領域的成果。
等級 0	從特定專業領域的大學科系畢業，或具備同等程度的知識與研究成果。在該領域的研究或業務經驗較少。

較高者。因此，在定義各個專業等級時，我們是以在社會的定位來加以定義。

這些基礎能力、專業分類，以及水準等級，雖然是 i.lab 對內部成員的分類方式，但也可供企業做為召集專案成員的參考。根據我個人經驗，創新專案的成員中最好能平均包括商業、工程、設計，以及調查人才。

眾所周知，創造不可缺少多樣性，而且如果能和平日業務上沒有機會接觸的人共事，有助於提升成員幹勁。此外，從專業分類的等級來說，如果專案是以等級2者擔任主要核心成員，等級1者擔任助理，將能保持良好的平衡狀態，並提升機動性。而為了更順利推動專案，並確認點子的方向性，若能適時委託等級3的人員重點協助，則可在維持機動性的情況下提升點子的品質。

關於創新專案的體制，以及成員的構成與職務，第六章還會再詳述。

第3章

如何創新發想？

創新的重點
——創造流程的設計

在分析暢銷商品誕生的原因時，書籍與媒體報導往往過度集中於單一面向或單一特質，譬如「命名成功」、「符合時代潮流」、「設計卓越」等，藉由簡化吸引人們注意。這些內容當作一般讀物或許有趣，但若想有樣學樣，活用於設計或管理專案上，恐怕收穫不多。

因為一個產品、服務或商業點子，從誕生、成形、實際進入社會，到充分普及，以至於可稱為創新為止，都有一定的路徑。在這種連續性中，決定成果品質的關鍵，就在於能否協調性地設計及執行有意義的每個階段。我將這整個協調性的過程稱為「事業開發策略」。

第三章，我將聚焦於事業開發策略中發想點子的流程進行解說。第四章則以實例說明，發想出點子後，如何進一步提升它的品質，並付諸實現。

首先，我們來思考一下通往創新的路徑。當人們獲得某些資訊，並將資訊連結起來，從中找到有意義的新結合，我們就會說他想出了點子，我將這個過程定義為從0到1。接下來，克服技術、生產、法律，以及流通等各層面的問題，將點子轉化為產品或服務，並且進入市場銷售的流程也十分重要。以上這個過程可說是從1到10。而新商品或新服務問世後逐漸普及的過程，則是從10到100。以上各個階段，分別可以稱為「創造」、「實現」，以及「擴大」的流程（圖9）。

上述流程各有不同學習地點與方法，如果想學習「擴大」，管理學中著重實踐的商學院（MBA）效率最佳。若對「實現」感興趣，則可求助於管理學中的科技管理（MOT）。此外，還有工學教育、創業家精神教育等。近年來，創造領域也頗受矚目，創新學院與設計學院等都屬這個領域，i.school 也是其一。

近來的創新業界，尤以0到1的創造領域最受矚目。觀察顧問公司、大學研究者以及學生也可以發現，近五年內，對0到1的階段特別注意的人大幅增加。大約從二〇〇〇年開始，實現領域——特別是科技管理，雖然曾獨領風騷，不過現在是創造領域和科技管理與創造交會的領域受到矚目。

例如，在美國史丹佛大學MBA畢業生最想進入的企業排行榜中，就呈現類似傾向。過去名列前茅的通常是麥肯錫公司、波士頓顧問集團，或貝恩策略顧問（Bain & Company）等策略顧問公司，近年來，設計相關的顧問公司排名逐漸攀升。此外，在過去二至三年裡，大型策略顧問公司與廣告公司買下小型設計顧問公司的案例，也時有所聞。例如，埃森哲（Accenture）

併購峽灣公司（Fjord），麥肯錫併購盧勒（Lunar）設計公司，日本的廣告公司博報堂則買下ＩＤＥＯ等。

第一章曾以索尼公司的新事業開發專案「ＳＡＰ」為例，說明大企業的潛在「實現力」。而在第二章說明創新人才所需的技能時，我也提到問題似乎不在實現價值的能力，而是發現價值的能力。今後必須增加的人才，是有發現價值能力，也就是在創造領域中能有所表現的人才。同時，提升組織的創造力也是重點。而在提高組織創造力的方法中，重新設計及導入創造的流程，就是最有效率的路徑。

前文介紹過日本經濟產業省有關創新人才的調查結果，他們著眼的重點，跟多數企業採取的方向相似，也就是①培育創新人才，以及②打造創新所需的組織體制（包含公司內部與外部的生態系）。這兩個方向的確重要，但卻忽略最基本，同時也是最關鍵的一塊拼圖，而這也正是第三章與第四章的主題：「流程」。一旦缺少這塊拼圖，組織的事業開發能力就無法提升。

大企業原本就存在著「擴大」的業務流程，可有效輸出產品或服務。另外，如索尼的案例顯示，在「實現」的部分，大企業也有某種程度可利用的流程。例如，食品製造商就算挑戰新類別的商品，還是有在既有領域中研發新商品的經驗與流程。就算商品類別不同，在發想出點子之後的階段，仍有可供參考的流程範本。

近年來，部分日本企業，例如索尼與三井不動產等的經營層都開始意識到，全球大企業與顧問公司正將創新所需的業務流程導入組織內部，因此也紛紛採取行動。但其他多數企業卻依然故我，並未設計或導入創新所需的業務流程，致使追求創新的行動僅流於口號，成效不彰。

發想的四大路徑
——技術、市場、社會、人

從0到1的創造流程近年備受矚目，尤其是應用設計與設計師的做法蔚為潮流。不過，我希望各位讀者不要誤以為只有這種方法，其實還有許多創造的方法與流程。接下來，我將說明這些方法與流程的全貌。

我常使用一張圖來解說這個主題。圖的下方為0，上方則是發想出點子後到達的1。右邊是與人相關的資訊，左邊是技術相關的資訊，兩者交會處則有社會資訊與市場資訊。人與技術交會之處，從人的角度來看稱作「社會」，從技術的角度來看則為「市場」。

發想的思考作業包含輸入資訊、操作，以及輸出資訊等一連串處理資訊的流程。我將這個流程，亦即發想的路徑，以圖14來呈現。

如果從發想時，首先會輸入什麼資訊來檢視，約可粗分為四大路徑，以下分別介紹它們的特徵。

首先，以技術為起點的思維，例如：「現在已經有這些基礎技術，那我就從中想出新點子吧！」這是大型製造商常有的思維，它跟主要遵循研發策略的事業開發模式相同。如果企業內的發想是由工程師主導，那麼多半也會採取這類思考模式。另外，負責開發事業的部門，也通常採用這種路徑。這種路徑的做法，是以技術調查與分析為主，如調查公司內外有無可取代現有技術的最新技術，以及從該項最新技術可否衍生出新產品或新服務，和是否有其他有趣的新技術或新產品等。

第二種路徑是以市場為起點，發想的模式可能是：「今後這個市場大有可為，可以想想有什麼可能性」，或是「現在市場中有這類商品，除了它之外，還有什麼其他可能性」。以這種路徑發想時，討論中通常充斥著這類提問：「今後什麼市場將會擴大？」、「將出現什麼樣的消

圖 14　發想時可能採取的路徑

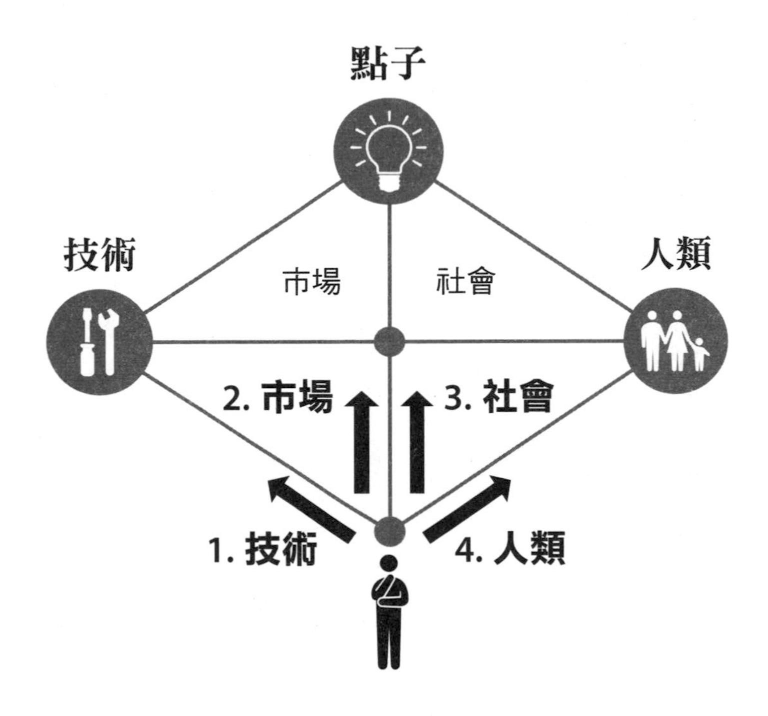

費族群？」。而結果就是出現諸如以下說法：「印度的中上階層正在崛起」、「應該以新興國家市場為主要目標」，以及「關於這個類別，有沒有什麼想法？」這是策略型顧問公司較擅長的領域，因此經營企畫類的事業開發部門，多數都採取這種思考模式。

第三種是以社會為起點，特徵是會先關注社會潮流與社會面臨的問題，比方說：「高齡化社會即將到來，對於隨之而來的社會問題有何看法？」行政機關、國際機構、ＮＰＯ、ＮＧＯ等單位，至今大多採取這種發想方式。不過值得玩味的是，近年來在以企業未來經營層為對象的ＥＭＢＡ課程中，這種發想型態也備受矚目。對全球企業的經營層接班人而言，即使這些社會問題目前還沒有市場，但長遠來看，仍有可能成為值得投身的機會領域，因此逐漸重視這種思考路徑。有些人主張，二十一世紀的創新種子不是人工智慧或生命科學，而是社會問題，我也贊成這種思維與發想路徑。

順帶一提，以《競爭策略》聞名的波特教授，以前曾一度對民間企業將公益活動當作企業社會責任的一環，抱持懷疑態度，但他近年來也開始提倡從企業社會責任發展而來的概念「創造共享價值」（Creating Shared Value, CSV），並且著眼於企業與社會間的新關係。

第四項是以人為起點的發想路徑，或稱為「設計思考」。它是從訪談極端屬性使用者，以

圖 15　各個發想路徑的特徵

發想路徑	典型提問	方法與擅長這種路徑的組織
1 以技術為起點	・使用這項基礎技術，能開發出什麼產品？ ・今後什麼技術領域將受到矚目？	・探索基礎技術的用途、對開發特定技術的展望分析（製作技術路線圖） ・研發類的事業開發部門；技術類的策略顧問、智庫、商學院（科技管理碩士）
2 以市場為起點	・今後哪個市場會持續擴大？ ・今後哪個地區、哪群消費者最有發展潛力？ ・是否有其他有別於競爭產品的價值與體驗？	・探索有成長性、話題性的特定新產品或服務領域、分析現有成熟產品或服務（打破偏見、藍海策略） ・經營企畫類的事業開發部門、策略顧問、智庫、商學院（MBA）
3 以社會為起點	・目前受到矚目的社會問題為何？ ・預測未來時，哪些社會課題將浮上檯面？	・辨識社會問題、研究國際機構的報告、訪談特定社會主題的專家 ・NPO、NGO、國際研發機構、未來中心、生活實驗室（Living Lab）、商學院（EMBA）
4 以人為起點	・使用這個產品或服務的人，從中感受到的根本價值為何？ ・在日常生活中，哪些事將因人們的價值觀與行為而改變？哪些不會改變？	・生活者訪談、行為觀察調查、公開資訊調查（網路與雜誌報導等） ・設計調查部門、設計顧問、設計學院

及文化人類學式的參與觀察中，獲得有別以往的洞見，以發想出點子。這個路徑的目的，通常是為了發現使用者的潛在需求，且多半採用設計顧問公司與設計調查公司擅長的方法。最近據說也有企業趕搭時代潮流，成立社內的設計調查部門與使用者經驗部門。

四個發想路徑各有長短——彈性組合運用

那麼，這四個發想路徑何者最佳？由於每個路徑各有長短，並沒有所謂「最優秀的選項」。如果今後想善加利用，首先必須理解它們各自的特點（圖16）。

以技術為起點提出的點子，多半根源於公司擅長的技術領域，從結果來看，較利於透過專利或專業知識確保技術優勢。但另一方面，這種思考模式常忽略社會潮流與使用者需求，因此雖然有些點子可能取得空前成功，但也有些完全無法獲得消費者垂青。日本過去曾有許多企業以這種發想路徑崛起，所以儘管無法判斷成功是湊巧或必然趨勢，但因前例眾多，現在仍有不少企業奉行不渝。

圖 16　各個發想路徑的優缺點

發想路徑	優點（＋）	缺點（－）	特徵	適合用途／不適合用途		
				產品	服務	事業
1 以技術為起點	・有確保優勢的要素	・未考慮到使用者	・亂槍打鳥，一鳴驚人	○	△	△／◎
2 以市場為起點	・可早期辨識事業潛能	・抽象的紙上談兵，很容易不了了之	・受到經營層歡迎	△	△	○
3 以社會為起點	・不論對公司內外皆有正當充分的理由	・問題太複雜，難以解決	・成敗還是視點子本身而定	△	△	○
4 以人為為起點	・從使用者角度提出具體點子	・發想出的點子很難確保優勢 ・事業規模看來過小	・出乎意料的依賴個人技能 ・可否活用端視組織而定	◎	○	△

以市場為起點的路徑，優點是可早期確認事業潛力。比方說，如果將電力自由化視作開創事業的機會領域，以市場路徑思考的人就可於初期階段主張：「在既有的電力相關市場中，這些產品或服務具有這麼大的市場規模，如果從中可取得百分之幾的占有率，將能開創出多少營收的事業」。反之，這種路徑的缺點是論點乍看清楚明確，但多數討論其實相當抽象，難以轉化為具體點子。

儘管抽象，但因討論內容是以經營層關注的市場規模與市場趨勢為主，因此較能獲取經營層信任。不過，對於實際負責發想的專案成員而言，通常還不清楚具體來說該做什麼，專案就已結束。此外，雖然策略顧問公司對於解決經營問題，具有優秀的流程設計與管理能力，可是基本上不擅長這種提出新點子的創意業務，往往無法產出具體點子，僅流於泛泛之論。

以社會為起點的路徑，其優缺點與以市場為起點的路徑有諸多相似。舉例來說，假設專案初期設定「高齡社會中因照護而離職」做為機會領域，雖然可及早確認使用者對主題的共鳴與市場潛力，但說到底，就是因為問題本身太複雜、難以解決，所以才已經是社會問題，以此發想，最後常陷入無法提出具體策略的困境。即使想出點子，也常面臨法規非常複雜，或法規本身過於嚴格的問題。特別是與醫療、教育，以及社會基礎建設有關的社會問題，因法規導致發想出現瓶頸的情況時有所聞。

最後是以人為起點的路徑。由於它一開始就是從使用者的角度發想，因此優點是可以提出使用者覺得極富魅力的好點子。但另一方面，也正因為是從使用者角度出發，因此提出點子後，企業不一定會將產品或服務付諸實踐。例如，假設有個產品是在刷柄上花費不少心思設計的兒童專用牙刷。從使用者體驗來說，這是一個非常優秀的產品，可是對企業而言，卻難以確保自身的技術優勢，因為只要模仿設計，不論哪個企業都能做出類似產品。雖然在日本，企業可採取確保意匠權（保障新式樣的權利）的做法，但意匠權在智慧財產權中的強度，通常無法與專利權相提並論。

其次，相較於對使用者的價值，日本企業更偏好可善用「公司優勢」、「特別是技術優勢」的點子。要是無法滿足這一點，往往會輕易遭到否決。不過，也有不少案例顯示，如果能以領導企業之姿率先投入，即能得到消費者認同，視為同類中的頂尖企業，並在價格與市占率上享有頂尖企業的特權。

以人為起點的路徑，本質上還有一項弱點。在運用從使用者調查得來的洞見發想的設計思考等手法中，這項弱點尤其明顯。透過質性的生活者訪談，或觀察調查的結果所產生的點子，多數都如同前述的牙刷案例一樣，比較不是新概念，而是改善產品設計或使用方法的想法。換句話說，如果是要推出改善使用方式的商品，設計思考的方法效果卓越，但並不適用於尋找潛在機會領域中有別以往的新事業。不少人跟組織並未認識此一弱點，就隨意採用設計思考。希望各位讀者務必審慎配合專案目的，選擇適當的發想路徑。

各個發想路徑的優缺點可彙整如下：

以技術為起點的路徑：如果押對寶效果奇佳，可惜近年打擊率偏低。

以市場為起點的路徑：人人皆可理解其潛力，但提出來的點子若有實無。

以社會為起點的路徑：主題明確但無解決之道。即使發想出點子，但付諸實現時，往往需要法規鬆綁才有可能。

以人為起點的路徑：發想出來的點子雖然有趣，卻無法發揮公司本身優勢。雖然有助於改善產品，但事業規模過小。

由於要採行哪個發想路徑，會牽涉到眾多人員與組織，我目前得出的結論是：能稱為標準化理論的方法及流程並不存在。我過去在大學與研究所專攻物理學，十分嚮往建構一個可以解釋所有現象的理論，即使在創新領域也不例外。我強烈希望能建構出一個可以普遍化、理論化，只要奉行流程便萬無一失的創新專案，尤其盼望建立發想新點子的流程。然而，在經過不斷思考與實踐後，我深切體悟到，所謂放諸四海皆準的理論並不存在。不過，從實踐的層面來看，各個方法都能普遍應用或做為概念，對創新發想有所助益，因此我仍繼續追求自己覺得有意義的普遍化及理論化。

此處我要再提一次鈴木一朗。哪怕是鈴木一朗，也不可能打擊率百分之百，因為打擊率要高不是精進個人技巧就可以，打擊過程中還會牽涉到各種難以控制的因素，諸如投手的表現、球場的氣氛、濕度、溫度等條件，所以必須因應這些條件思考，修正自己的打擊方式、方法，或者姿勢等，這也正是我對設計創新專案的體悟。

i.school 與 i.lab 主張，不將前述介紹的各種發想路徑視為標準，而應分別體驗各個路徑，充分理解其優缺點後，再依據需求調整活用。但技術背景的人員或組織，往往會忽視其他資訊，僅以技術路徑來發想；選擇以市場為起點的人員和組織，則傾向只思考市場。同理，採用以人為起點的路徑，往往也只考慮到人的問題。

我介紹這四種路徑時，刻意採取「以~為起點」的說法，是因為即使以技術為起點，之後還是可能必須觀照社會與人，技術終歸只是路徑的「起點」罷了。以人為起點的路徑亦然，它有可能是以使用者調查的結果為基礎，再聚焦於社會資訊，等到得出對未來社會的預測後，才進而提出點子。然而現實情況是，由於各個路徑分別有其專家與方法論，因此罕有機會可以設計、使用橫貫各種方法的流程。

接下來，我將介紹一個我曾經執行過的專案，它雖然是以技術為起點，但同時也非常重視以人為本的思考方式。

在汽車業界，如果要想出一個可在十年至二十年後推出的新產品、新服務或新事業時，若採取以人為起點的發想路徑，馬上就執行田野調查或觀察使用者，絕對無法得出任何好點子。近來蔚為話題的自動駕駛技術、電動汽車、行動定位服務等先進技術，毋庸置疑會在接下來的五至十年造成社會巨大變化，但即使清楚這些技術資訊的重要性，在初期進行使用者調查所得出的資訊，影響力仍十分有限。哪怕現在從使用者調查中有所洞見，並且提出有意思的點子，但由於汽車本身將因為先進技術而出現重大改變，這些點子很快就會落伍。

因此，必須先採行以技術為起點的路徑，之後經由社會，再從人的角度發想（圖17）。

首先，應實際考察自動駕駛、電動汽車，以及其他先進技術，在未來十至二十年將對市場造成什麼具體影響，尤其是可能如何改變社會。其次，以汽車在未來社會的存在意義、使用方式都將出現變化為前提，透過田野調查與訪談，深入理解人們將出現何種需求。當自動駕駛汽車普及後，身處汽車內就不再只意味著移動的時間與機會，「人們在汽車內無目的地度過時間」的情境也將隨之浮現。

如此一來，田野調查應當關注的對象就不是目前的汽車使用者，而是在咖啡連鎖店等處漫無目的消磨時間的使用者，提出來的問題也應該是：「你為什麼不選擇那家咖啡店，而是待在這裡呢？」此外，還應追問：「為什麼你不在家裡喝咖啡，卻要到咖啡店喝咖啡？」對十至

圖 17　以技術為起點，仍可走上以人為本的路徑

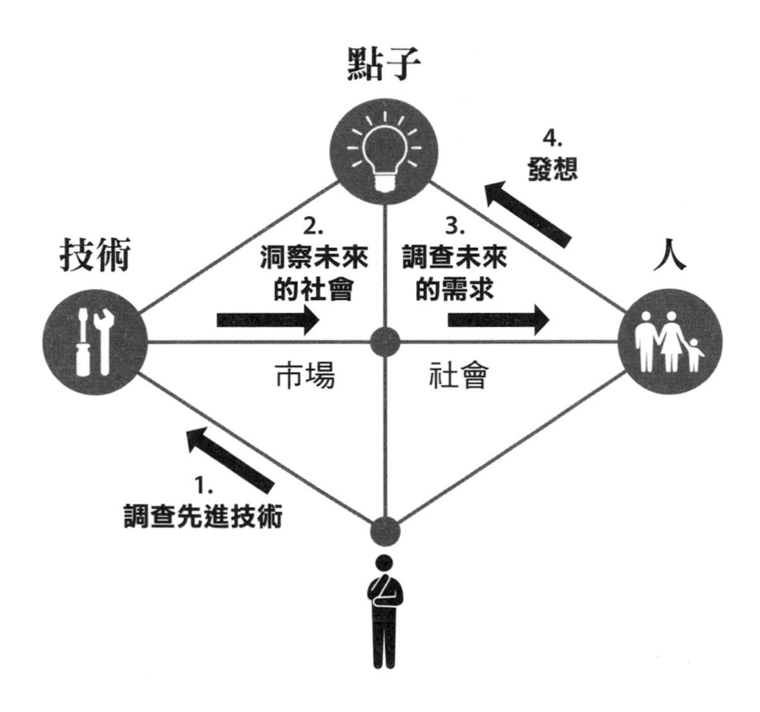

二十年後的汽車業界來說，「你的目的是什麼？或者只是漫無目的消磨時間」的這類提問，似乎更有機會獲取有意義的洞見。

從汽車業界的情況就可以了解，部分案例的確應該先從技術切入。設計發想路徑時，必須考量業界面臨的情勢、專案的目標，以及目標成果的特性，臨機應變地調整。關於汽車業界的專案案例，我將在第五章做更詳細的說明。

目的與手段的關係——了無新意只能淪為複製品

如果像前文介紹的汽車案例一樣，必須臨機應變設計思考路徑時，應該採取什麼方式與角度決定呢？以下我想介紹一個可供參考的方式。首先，必須請讀者深入理解所謂的「目的」與「手段」。

一般而言，目的就是需求，手段則可看作是某種技術（若為產品）或機制（若為服務），而產品或服務的點子，則是存在於目的與手段間的關係（圖18）。

例如，去除衣服汙垢是目的，採取的手段是以清水與洗潔劑清洗。在這項手段與目的的關係中，存在著洗衣機這種產品。假設去除衣服汙垢的目的不變，但試著更換不同手段，例如以空氣清洗。如此一來，就會聯想到最近的話題商品，也就是不使用清水，而是利用臭氧清洗衣物的 **Airwasher Racooon**。[15]

如果希望點子新穎，則目的與手段兩者或其中之一必須是新的（亦即從既有產品中衍生出某些變化）。雖然，新穎的內容與程度也是重點，但目的與手段之間的關係如果跟現有產品完全相同，使用者會感受不到產品間的差異，結果新產品只會被當成既有產品的複製品或山寨版。一般而言，發想時會先研判目的與手段哪一個具有較多限制，再嘗試修改自由度較高者的各種條件，並且透過嶄新的組合，探索具有意義或可能實現的產品。

如果要在洗衣機這個產品類別思考新產品，則本質上目的是固定的，要讓手段有更多發揮空間，探索本質不同的可能性，就能發想出如 **Racooon** 這類在手段上創新，以空氣洗淨衣物的產品。

先蒐集「目的」與「手段」的相關資訊，加以分析、撞擊，以產生新的結合，這就是一種發想點子的方法和流程（圖19）。

設計專案流程時，必須思考手段的限制條件（如「務必使用本公司的這項技術」），或目的的限制條件（如「希望處理這項社會問題」），對目的或手段何者影響較大。從正面意義來看，限制也會帶來好的影響。這就好比建築師面臨的限制條件愈多（例如土地面積、形狀、地主的意見等），也愈能盡情發揮專業與經驗，克服困難，提出卓越的設計。

找出「機會領域」——從中間點思考

認識「機會領域」這個概念，對發想點子很有幫助。在發想時，機會領域等於是指出思考的方向，也可說是點子所蘊含的概念。先找出機會領域，然後在這個範圍內具體發想，就很可能產出新穎有潛力的點子（圖20）。

以保齡球為例，打保齡球時，目標是擊倒位於前方大約二十公尺的球瓶，但光是瞄準球瓶拋球，往往無法成功。那麼，保齡球好手都怎麼做？他們會一邊看著球道前方稱為「圖點」的三角形標記，一邊拋出球。只要瞄準圖點任何一側，就能根據經驗預測球通過的路徑，以及是

圖 18　目的與手段的新結合能產生點子

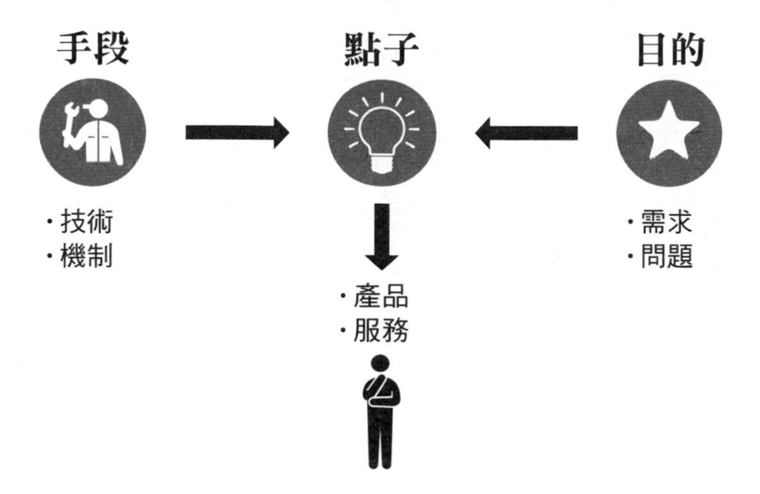

圖 19　創造階段的標準模式

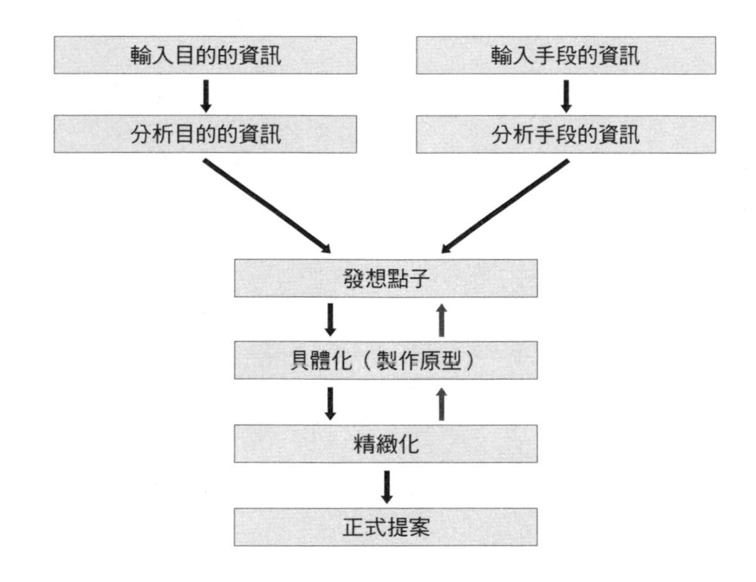

否可擊出全倒。目標固然關鍵，但找出前方的中間點，對專案管理而言也很重要。在創新專案中，這個中間點通常稱為「機會領域」。

由於機會領域的概念過於抽象，不易理解，我想以具體案例說明。在我們經手的三菱重工集團新事業專案裡，機會領域的書面定義是：「在規模成長或縮減的都市裡，應該要有高彈性的基礎建設」。專案的中間點就是設定這個機會領域，後半部活動則是在此機會領域中發想，並進一步將發想出來的點子具體化。這個專案最後發想出的點子，就是在基礎建設尚未完備的新興國家都市，或水資源基礎建設已經老朽的先進國家地區，推動水資源再生事業。

如果當初沒有設定機會領域，成員發想的方向性就會不一致，甚至可能導致整個專案解體。同時，也多虧有機會領域，成員在具體建構點子的階段，才能對應當落實的方向形成共識。此外，三菱重工集團的專案，雖然是以文字設定機會領域，不過依據情況不同，也可能以圖解，或是矩陣等座標來呈現。

使用機會領域這個概念，有下列三個優點：

第一，可及早「判斷點子的潛力」。在專案中途，即可確認或保證點子的新穎性高低和成為事業的可能性，無須等到專案尾聲。例如，當初在三菱重工集團專案中出現「高彈性的基礎

圖 20　機會領域與點子的關係

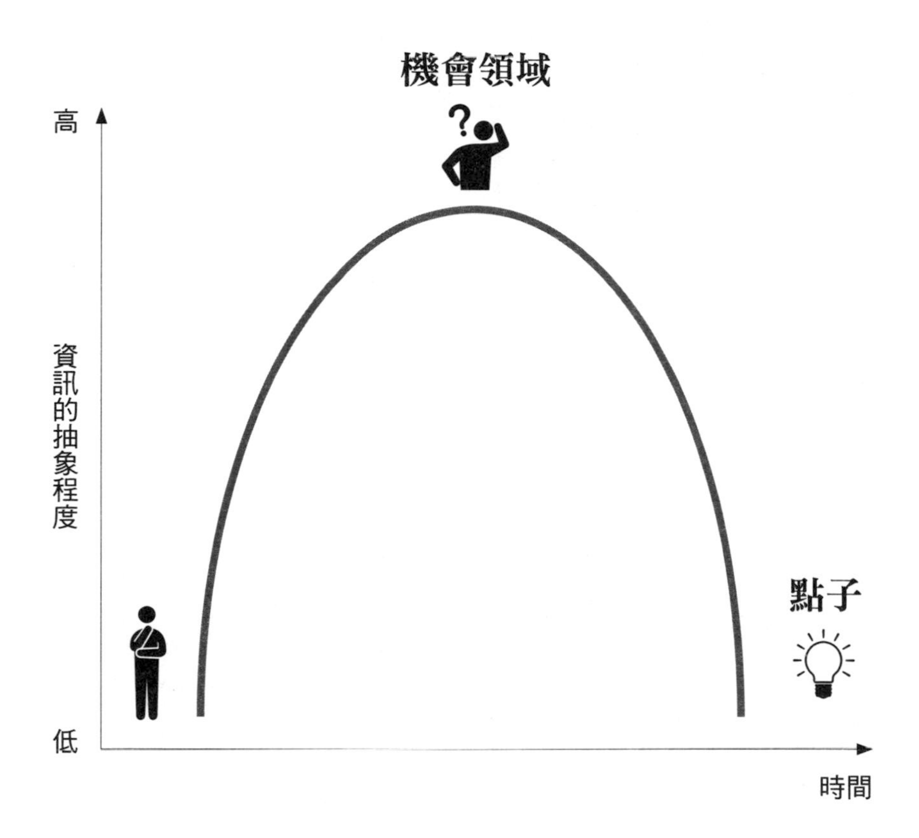

建設」這個概念時，儘管成員的說法相當抽象（例如，「世界上的確沒有類似案例」），卻仍可約略想像其潛力。如果在機會領域中發想出某些點子，即使尚不明確，專案成員仍可發揮想像，判斷它是否具有新穎性、哪些產品可能暢銷等。對於必須挑戰目標不確定的創新專案而言，機會領域能揭示後半段的路徑，發揮使人安心的功效。

第二，「可以用邏輯來說明」。機會領域跟最終點子不同，比較能用各種條理分明的事實說明。在鑑定最終點子的品質時，必須有一定的嫻熟度，就連經營層也未必能判斷其良莠，更常在缺乏明確根據下意見分歧。再者，創新點子在本質上很難確認成敗，無法單以邏輯包裝或說明完全展現其優點。

這時，很多專案的做法是，起碼會有邏輯地說明如何從起點來到機會領域，並將獲得理解和共鳴視為目標之一，如此能有利後續進行。不過，雖然我認為機會領域可以用邏輯來說明，但找出機會領域的思考流程，卻未必得採取歸納式的思維。找出機會領域時，不是採溯因推理（abduction）的方式，即累積事實的邏輯思考，在形成假設時，一定是跳躍式的思考流程。因此，專案成員的目標應該是以溯因推理來檢驗機會領域，嘗試蒐集可強化邏輯的事實，以便向他人進行條理分明的解說。

第三，可在途中「保存」專案。如果專案成員或經營層覺得最後的點子有些不對勁，也不必從頭來過，而是先回到邏輯上可達成共識的機會領域，並從機會領域重新出發，挑戰提出新點子。在實際專案中，像這樣返回機會領域，並嘗試再度提出點子的案例非常多。而即使頻繁退回機會領域，也不代表專案失敗，可視為創造性流程中的必要階段。

四種各具特色的發想方法／流程——使用情境不同但有共通點

接下來，我將介紹四種各具特色且多有啟發的發想方法／流程。這些方法／流程都有共通點：著眼於目的或手段，進行調查和評估，進而設定機會領域，並以此為方向發想點子。即使各個方法的開發者專業不同、使用情境也不一樣，又各具特色，但竟能從中找出普遍可用的共同概念，此事別具意義。

(1) 以人為起點：鬆動成見的「極端使用者訪談」

極端使用者訪談是指，以屬性、行為特徵和價值觀與平均值或一般人不同者為對象，來實施訪問調查。這類調查大都希望藉此深刻理解最新社會現象、流行，以及變化徵兆的本質。

極端使用者訪談常被當作設計思考的方法／流程之一，以獲取洞見，做為發想的線索。例如，調查使用者的刷牙習慣時，如果著眼於孩童這類偏離平均值的少數使用者，觀察他們的刷牙行為，就能從他們握刷柄的方式獲得啟發，進而發想出便於孩童或熟齡人士使用，握柄較粗的產品。這正是極端使用者訪談的思考流程。

但我要介紹的極端使用者訪談，實施目的略有不同。它是一種叫做商業民族誌的方法／流程，是由東京大學 i.school 共同創辦人兼前總監田村大所提出。商業民族誌，是將人類學的田野調查活用於商業領域的方法，應用層面雖然與設計思考多有相通，根本卻明顯有別。

在商業民族誌的脈絡下進行的極端使用者訪談，目的是要深入理解某個概念，並重新調整已經固定的概念框架。我將舉前文提到的刷牙概念，以及對孩童進行的訪談為例說明。

假設現在同樣是觀察孩童的刷牙體驗，則商業民族誌所重視的觀察，並非一般牙刷孩童比較難握，而是刷牙這個體驗是否令他們不悅。從觀察孩童（非多數使用者）的過程中，得出「刷牙不是一件愉快的事」，那麼，這個結果是否同樣適用於平均使用者，也就是一般成人身上？如果經人提點，一般使用者的確會覺得刷牙不是什麼愉快體驗，不過，追求刷牙的樂趣，原本就不存在於我們的觀念中。接下來，如果把「讓刷牙成為愉快的事」做為機會領域，並試著發想，就極有可能產生具備新穎性的產品或服務，打破一般人對刷牙的成見。

這個流程的重點在於先了解與「人」有關的資訊，接下來對「社會」進行考察。

日本三詩達公司（SUNSTAR）在二〇一六年四月，推出「G.U.M PLAY」[16]這項產品。使用者可將其裝置於牙刷刷柄，並配合刷牙動作，使用手機玩遊戲或聽音樂。雖不清楚這項產品是否正是透過這種方法構思出來，不過據說它可以讓使用者一邊享受遊戲與音樂，一邊習得正確的刷牙方式。這個產品不只能吸引討厭刷牙的孩童，似乎也讓成人樂在其中。

實施極端使用者訪談時，一開始先做好主題假設很重要。很多介紹設計思考的書，常將「不抱持先入為主的觀念，直接去做」奉為祕訣，這對奠基於文化人類學式「參與觀察」的調查方法而言，某種層面雖然正確，對於在特定事業領域擁有大量經驗的人來說，也是適當建議，但經驗不足者若照字面意義全盤接收，往往無法自調查中有所斬獲便草草收場。

在設計調查時，設計者應該有一個自己約略想像得到結果的假設，這假設稱為「初期主題假設」或「早期觀點」。以刷牙體驗為例，就是先有一個初期假設：「刷牙變成日常生活中的麻煩事」，再著手進行調查。如此一來，調查目的就不是為了從「牙刷」得到發想點子的線索，而是要打破自己對於「刷牙體驗」的成見，重新建立新的觀念框架。

如果是為了打破刷牙體驗的成見，那麼在尋找訪談對象時，相較於一般使用者，以下這些人更適合做為候補人選：「幾天才用一次牙刷，平時幾乎僅使用漱口水的人」、「因為從事照護工作，每天至少要刷別人牙齒十次以上的人」，以及「從小到大連一顆蛀牙都沒有的人」。

其次是設定訪談項目。訪談項目是為了避免遺忘提問內容所列的筆記。設計訪談項目時應該留意，實施訪談的目的，不是要驗證自己的假設，而是為了讓假設升級與超越成見。不過，明明已經有一個初期主題假設存在，卻不可檢證它，想在這兩者之間保持平衡絕非易事，只能透過經驗學習。訪談時的心態，應傾向「應該是這樣吧，所以我還想多知道一點相關內容」，而非「應該是這樣吧，所以我想確定是否真是如此。」（圖22）

如果想在某個產品或服務的類別中提出新概念，在商業民族誌的脈絡中實施極端使用者訪談，即可破除成見，發想出新的機會領域。要注意的一點是，不能從比較有特色的少數訪談結果中，直接獲取有關點子的線索，而是要以訪談結果來重新看待社會整體的固定觀念，從宏觀的視野釐清與思考。

(2) 以社會為出發點：思考未來社會的「情境規劃」、「未來洞察」、「社會轉換」

思考未來的方法也有很多。想像未來後，設定主題，並思索可做為解決策略的產品、服務或商業點子，已經成為例行流程。此處我將介紹三個可活用於創新專案的方法。

圖 21　極端使用者／地點與一般使用者／地點的典型範例

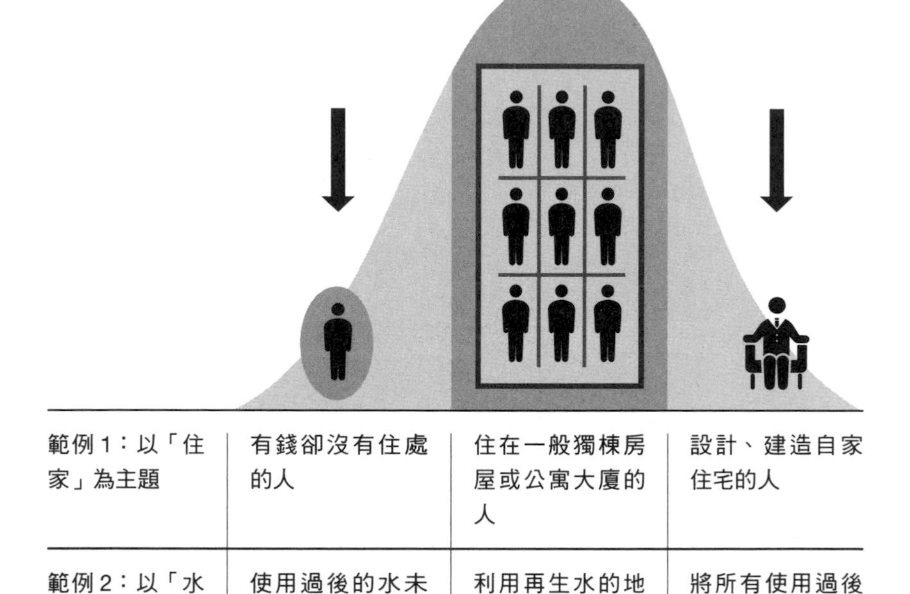

範例 1：以「住家」為主題	有錢卻沒有住處的人	住在一般獨棟房屋或公寓大廈的人	設計、建造自家住宅的人
範例 2：以「水的使用與處理方法」為主題	使用過後的水未經處理就直接排入河川（新興國家都市周邊等）	利用再生水的地區與設施（日本六本木之丘等）	將所有使用過後的水再度利用的地域與設施（新加坡、豪斯登堡等）

情境規劃

情境規劃（Scenario planning），是找出兩個可能對業界或某個主題的未來有巨大影響的要素，並以這兩個要素的發展為兩軸，區分出四個象限，然後分別勾勒出社會情境（圖23）。

這個方法最重要的部分，在於怎麼挑選出具有影響力的要素，選擇時可用「不確定性」與「影響程度」為標準。此外，有別於之後會介紹的「未來洞察」對微觀現象的重視，情境規劃更積極於處理政策、能源價格、輿論等宏觀現象。因此，透過PEST，也就是政策（Politics）、經濟（Economics）、社會（Society）、技術（Technology）等觀點尋找要素，效率最佳。

我個人曾在i.school與i.lab中實施過情境規劃，如同前述，選出兩個要素是難度最高的作業。在這個探索和篩選要素的流程中，相較於創造性，相關領域的高專業人士對品質的影響更大。因此，與其任由專案成員侃侃而談，還不如積極向外部專家尋求協助。反之，在後續思考各個象限的社會情境時，則好比書寫小說般，需要相當程度的創造性。

我們在與野村總研共同研究時，曾經以日本的醫療、物流，以及零售業做過情境規劃，當時不僅效率佳，也很有意義。在探索和篩選要素時，除了有跨學科的顧問與研究員參與外，我們同時也委託醫療、機器工學、人工智慧等各領域專家設定兩軸，之後再與這些專家一起思考四個象限的社會情境。情境規劃的成果，可用如圖23的四個象限呈現重點。

圖 22　訪談時的預設立場，最好是落在「應該是這樣」的界線略左的位置

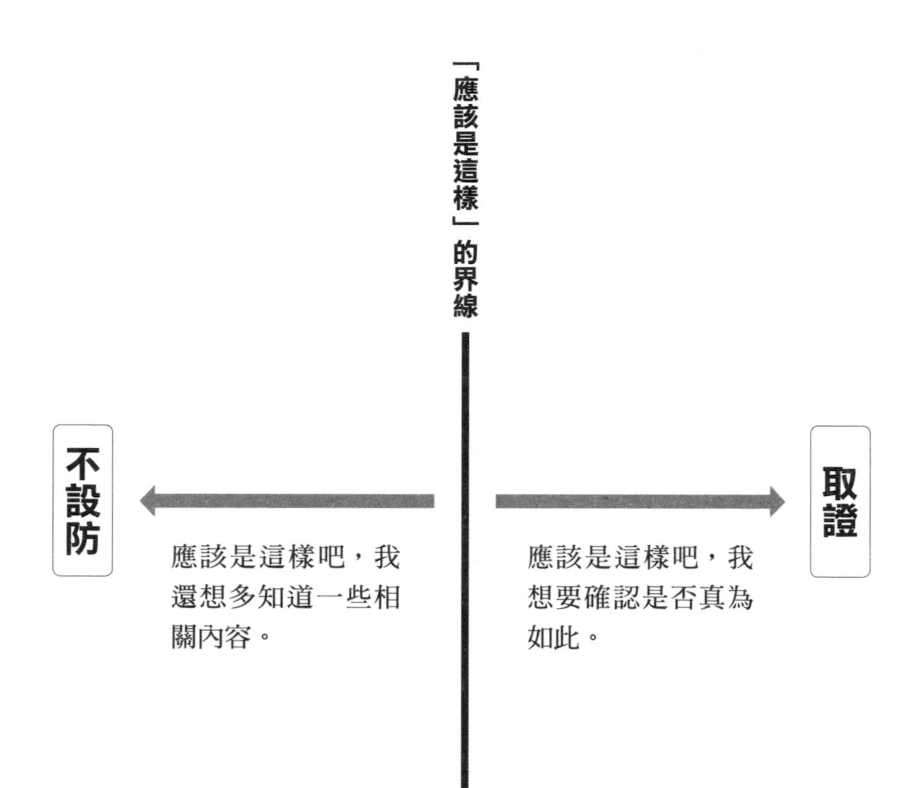

「未來洞察」，是先設定十至十五年後的未來，不在現在的延長線上，然後從造成影響的要素中，創造性地深入探討非線性發展下的未來。在積極處理「不確定性」未來的這一點上，它和情境規劃頗為相似。不過，未來洞察本質上還有一個特徵，就是在探討影響未來的要素時，關注的不是宏觀之處，而是將微觀事態視為「未來新芽」，積極處理。

要探索「未來新芽」，可以從新聞報導等資訊中，找出對未來社會有所啟發的事態。例如，假設有新聞報導「義大利農鎮因財政困窘而遭停電」，或「高齡人士爭相購買市區高層公寓，以做為因應財產繼承的策略」，就可以用這些報導為線索，討論未來的可能樣貌。例如：「日本的小都市與山間地區，由於地方政府財政困難，加上國家在分配資源上的選擇，導致行政服務與基礎建設水準下降，人口加速朝都市單極集中」等。

這個方法的思考流程高度倚重專案成員的創造性，而非仰賴業界或對主題的專業，加上採用邏輯性思考與創造性思考的教育效果卓越，因此是 i.school 創立至今每年都會開設的課程。日本總合研究所的未來設計實驗室，對這個方法有豐富的實戰知識，二〇一六年三月更出版說明實踐這個方法的書籍《找尋新事業機會的「未來洞察」教科書》[17]。如果讀者對學術理論體系與研究結果有興趣，則可參考一橋大學鷲田祐一教授編著的《洞察未來的思考方法：以情境解決問題》[18]。

圖 23　以「2030 年日本醫療」為題的情境規劃範例

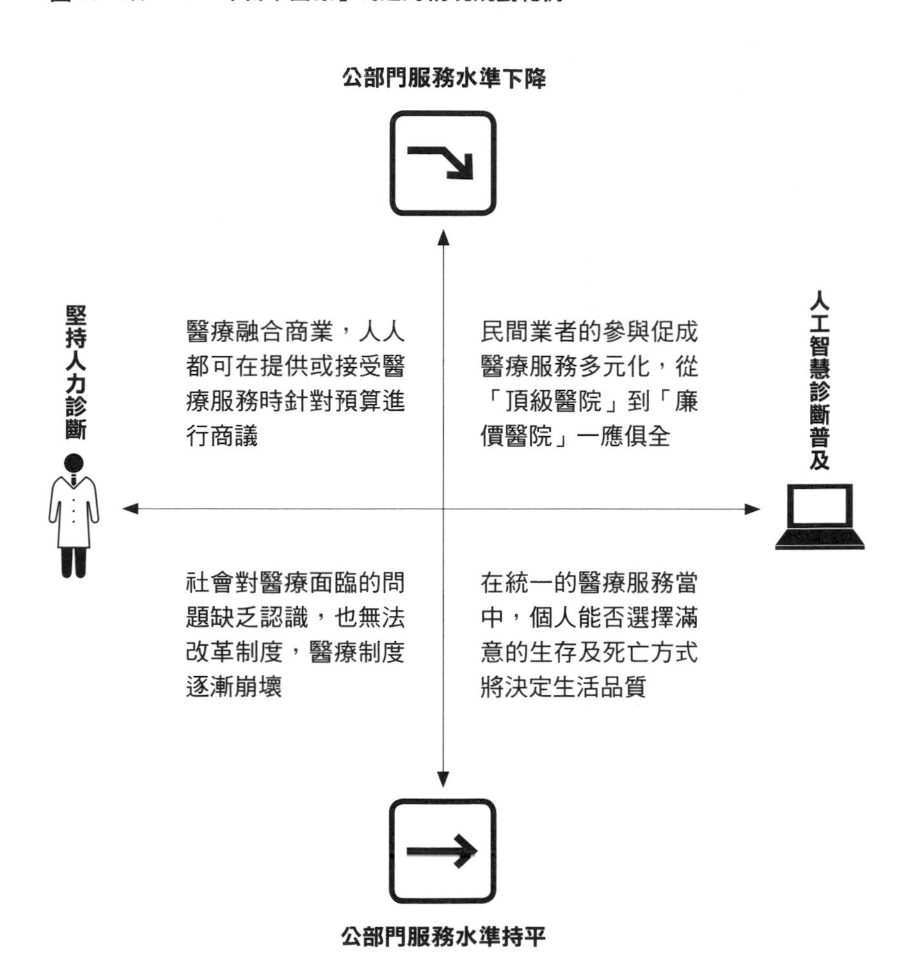

社會轉換是由三菱總合研究所提出的概念，意指朝不連續方向發展的社會變化。其特徵在於，先設定現在的社會將因特定原因產生非連續性變化，並勾勒出屆時對事業環境產生影響的未來意象。這個方法和情境規劃、未來洞察一樣，都是聚焦於非線性發展的未來意象，但它和其他兩者的根本差異，在於它是積極處理確定性高的未來意象（圖24）。

一般而言，如果未來的意象比較明確，想從中設定新的機會領域並不容易，但社會轉換因為著眼於「非連續性的變化」，所以能克服此一弱點。比方說，「高齡人口持續增加，二〇三〇年六十五歲以上人口將達四千萬人」之類的資訊，就屬於連續性變化的未來資訊。另一方面，非連續性變化的未來資訊，則是如「戰後大醫院的病床數量開始減少，醫療和照護的重心，都將逐漸轉向在宅醫療與在地整體照護」。

非連續性的社會變化有別於連續性社會變化，如果不是有意識地去研究，很難想像將出現何種社會情境、發生何種問題。這是因為，非連續性社會變化的發展方向，性質有別於歷來的社會狀況，人們沒有可供參考的資訊和體驗，自然無從延伸想像。反之，連續性社會變化則可依據累積的資訊和體驗推測，比較易於聯想。

要使用社會轉換這個方法產生新點子，重點是思考未來時，主要聚焦於非連續性，而非不確定性。雖然不確定性是催生新點子的靈感泉源，但也會成為點子實現與普及時的風險。因

圖 24　三菱總合研究所提出的「社會轉換」的概念圖

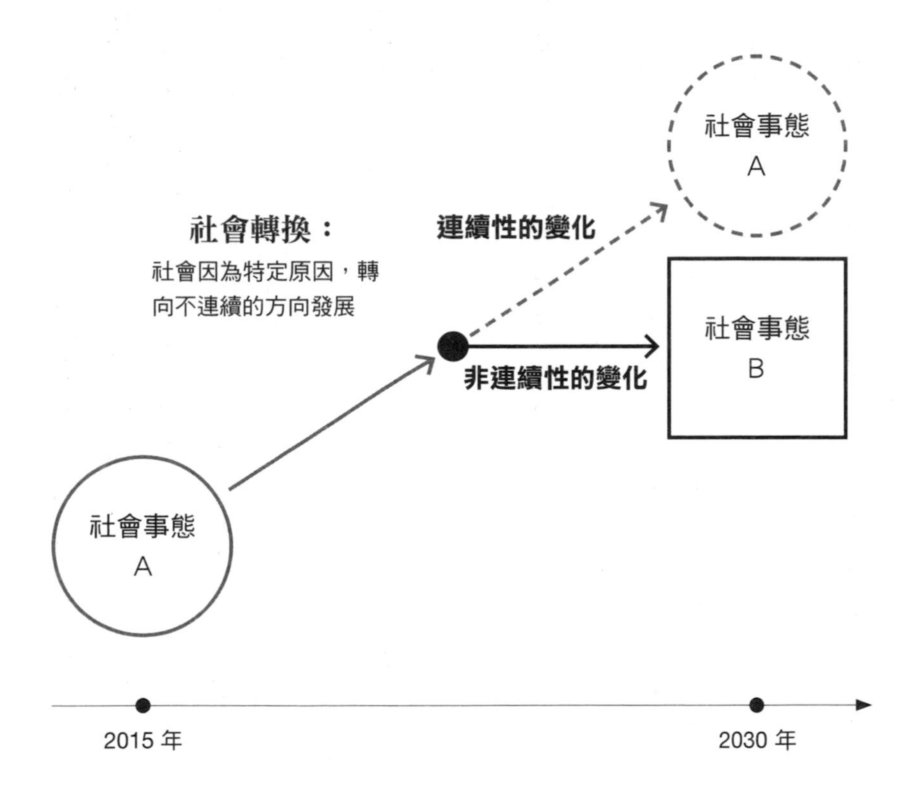

為發想時，是以不確定的社會情境與待處理的問題為前提，因此若預設的未來社會沒有出現，點子的有效性將大幅降低。所以，社會轉換的方法，是透過不連續性來保障產生新穎點子的可能，並且維持能讓該項點子普及的未來意象的確定性。

社會轉換的方法及流程，是由三菱總合研究所事業推進小組與筆者等人共同開發的成果，相關內容已公開於過去舉行的講習會資料中。[19]

以上介紹了三種尋找未來新芽的方法，它們的共通點在於：描繪出未來社會的樣貌，在其中發現問題，再根據問題發想。讀者可考量創新專案的目的、主題、成員個性，以及至今為止的調查資產等，選擇適合的方法運用。

(3) 以市場為起點：「藍海策略」與「破除偏見」

第一章介紹過由歐洲工商管理學院金偉燦教授等人執筆的《藍海策略》，這也是產生點子的有效方法，此處再補充說明。藍海策略有別於波特提出的競爭策略。在競爭策略下，企業間容易成為一片紅海（血洗競爭領域），反之，藍海策略是鎖定藍海（還沒有競爭的領域）為目標的事業開發策略。

使用藍海策略發想，首先必須抽取、寫下既有市場中所有的競爭產品或服務，以及競爭要素。接下來，思考應從競爭要素中「減少」、「去除」哪些，以及應該「增加」哪些，或「追

圖 25　思考未來的方法

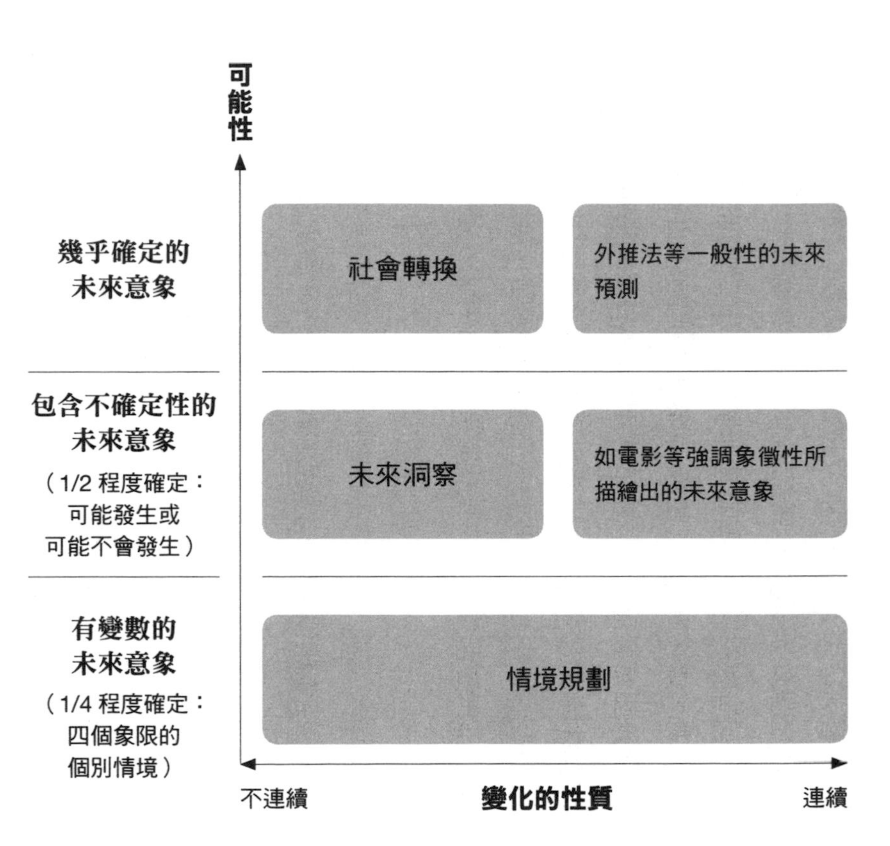

可能性
幾乎確定的未來意象
社會轉換
外推法等一般性的未來預測
包含不確定性的未來意象
（1/2 程度確定：可能發生或可能不會發生）
未來洞察
如電影等強調象徵性所描繪出的未來意象
有變數的未來意象
（1/4 程度確定：四個象限的個別情境）
情境規劃
不連續
變化的性質
連續

加」什麼新的要素。藉由此一過程，應可實現「價值創新」，亦即同時提升對企業與顧客雙方的價值。例如，任天堂的Ｗｉｉ就是知名案例。當時的遊戲業界，都是以「畫質處理能力」、「身歷其境感」做為主要競爭要素，但Ｗｉｉ率先提出「闔家同樂」、「活動身體」等新價值。

藍海策略的特徵，是在成熟、僵硬的市場中，使用分析市場的結果來發想。在產生新點子的前一個階段中，要「增加」或「追加」什麼要素十分關鍵。遺憾的是，《藍海策略》書中並未對此提出詳細方法。不過我認為，若能搭配本書先前介紹過的方法，像是從人的角度觀察社會的極端使用者訪談，或以未來的角度觀察社會的方法等，應能產生一定效果。

還有一個名為「破除偏見」的方法，是由Monogoto設計公司ＣＥＯ、知名商業設計師濱口秀司所提出，也就是找出連業界人士和使用者都會陷入的偏見，加以破壞，並由此發想點子。破除偏見的方法概念上與藍海策略相同，是透過和既有市場中的其他產品比較分析，從中探索產生新點子的機會領域。不過，它的緻密程度，可輕易克服藍海策略的弱點。一般而言，產生點子的思考作業是「從0到1」，而破除偏見採行的思考方式，則是改變或破壞既有的1，另外產生不同的1。

比方說，如果是採用一般發想方法思考新的陽傘，發想者往往會不加思索採取「進行腦力激盪，從中選擇好點子」的做法，然後設計出「男性專用陽傘」、「減少零件的陽傘」之類的商品。腦力激盪是從好幾個點子中選出最佳者，但破除偏見則是從產出的點子中，找出饒富趣味的切入點。

這個切入點，通常會以表現出方向性的「思考軸」來呈現。例如，「一般多認為陽傘是為女性設計，我們就來想想為男性設計的產品」，這個概念就可用「女性↓男性」來呈現。「減少零件」，也可以設定出零件數量從「∞（無限大）↓0」的思考軸。接下來讓兩軸交錯，形成四個象限，並於各個象限內發想點子。例如，在「為男性設計×零件數量0」的條件限制中嘗試發想。

濱口秀司幾乎每年都會在 i.school 擔任講師，帶領學員熟悉「破除偏見」的方法。這個方法的流程雖然同時採用邏輯思考與直覺思考，但因流程本身具邏輯性且清楚明瞭，因此參加者對濱口秀司的工作坊與講課評價很高。但另一方面，雖然這個方法易於理解，但本質上比較有難度，學員即使自認已經融會貫通，現實中卻少有付諸實踐的使用機會，因此若想達到嫻熟操作的階段，往往必須經歷一番苦戰。

平時活用這個方法的機會雖然有限，但其精髓仍有廣泛運用的機會，也就是可養成習慣，在思考時先找出切入點，做為下一階段發想的限制條件。此處我想介紹一個參考案例。在設計類大學中，剛入學的新生第一個面對的主題，常是「思考一百種椅子的設計」。這時，新生往往會從一個、兩個、三個……開始拚命提出點子。不過，比較熟練思考方法的學生則會從「設定什麼切入點」、「從哪個切入點開始思考」著手。

比方說，先著眼於椅腳的數量。從只有一支腳的椅子、兩支腳的椅子、三支腳的椅子、四支腳的椅子，一直到十支腳的椅子。接下來則從椅座的材質著手，有化學材質、木質，與金屬，金屬還會有鎂、不鏽鋼等區別。以這種方式思考，至少可以聯想出十種不同的椅座，再將這兩個切入點相乘，就會出現一百個點子。

在開始發想前，先試著設定切入點做為限制的手法非常有效，也可廣泛運用。我將這些切入點的集合體稱為「發想變數」，也常採用這種思考流程發想。如果讀者對「破除偏見」的方法感興趣，可觀賞濱口秀司於二〇一二年四月在「TED×Portland」發表的內容。[20]

(4) 以技術為起點：探索尖端技術新價值的「科技轉換」

新點子並非無中生有，而是透過組合既有知識而來。有一種方法名為「科技轉換」，是透過將特定技術轉換為其他目的的方式，以發想點子。第二章介紹的「生活中的機器人」工作坊，以及第五章介紹的三菱重工集團的專案，都是活用這個方法。

科技轉換1：分解既有產品／技術的概念，應用於其他目的

「科技轉換1」的方法，是從功能和外形，以及提供給使用者的價值等兩個層面，分析公司的產品／技術，或是想探索今後活用可能性的技術。

例如，對掃地機器人的分析可整理如圖26所示。將組成既有產品／技術的功能、外形及價值的概念分解出來後，再聚焦於功能和外形。然後，把這些功能或外形，強制附加於其他物件、地點，與人身上，再尋找是否有任何組合可產生具有意義的價值。如果將「自動到處移動」的功能附加於椅子，或許可能發想出適用於大型研討會會場等地，椅子可自動排好與收納的會場自動布置系統。

如果嘗試分解小型無人機的概念，並將「盤旋」這個功能附加在LED燈上，將可能產生行動路燈的點子——在路燈較少的區域騎乘自行車時，行動路燈會飛到使用者前方照亮周邊。活用分解出來的概念，強制性地探索對人具有價值的目的，進而產生點子，這就是科技轉換1的手法。

近年來，活用這個概念的企業不斷增加。例如，富士軟片設立「開放創新埠」，以做為與客戶「共創未來」的據點，同時也是富士軟片的先進技術（手段）與客戶的問題意識（目的）的相遇之處。富士軟片展示產品與技術的方法，不是單純的展示或技術解說，而是盡可能採取容易聯想到新目的（諸如「控制光」、「分隔氣體」、「培育細胞」等），且奠基於價值的關鍵

詞，以區分展示類別。科技轉換1的方法，即是把這種以共創為目的的功能交織於調查流程中，以提升創新流程的效率。[21]

科技轉換1的分析對象，不限先進技術或產品，也可依據主題，活用自然界的動植物與生態系等。三菱重工集團的創新專案，除了分析太空站的水循環系統等既有技術和產品來發想，同時也利用體表結構特殊的澳洲魔蜥。

澳洲魔蜥是居住澳洲沙漠的一種蜥蜴，牠身體上所有紋路都與嘴巴相連，所有接觸到身體的水分，都會自動匯聚至嘴裡。澳洲魔蜥特色獨具的功能及外形，對三菱重工集團的「私有水系統」有很大的影響，包括基本概念和取得專利的系統等。

科技轉換2：尖端技術所實現的社會情境轉換

「科技轉換2」有別於科技轉換1，並不是將分析技術的結果直接用於發想。它是先肯定某個尖端技術的普及，將導致有別於目前的社會情境，並以此為前提，預先探索今後將浮現的需求。這個方法基本的推進方式，是結合三菱總合研究所提出的「社會轉換」（以發展方向不連續但具高度確定性的未來社會為前提去思考），以及「極端使用者訪談」（一邊鬆動既有概念，一邊探索機會領域）。舉例來說，它不是從人工智慧技術或自動駕駛技術去思考新點子，而是以這些技術普及後的社會為前提，採用其他手段，對使用者提出新目的。也就是以尖端技

圖 26　分解掃地機器人得出的概念

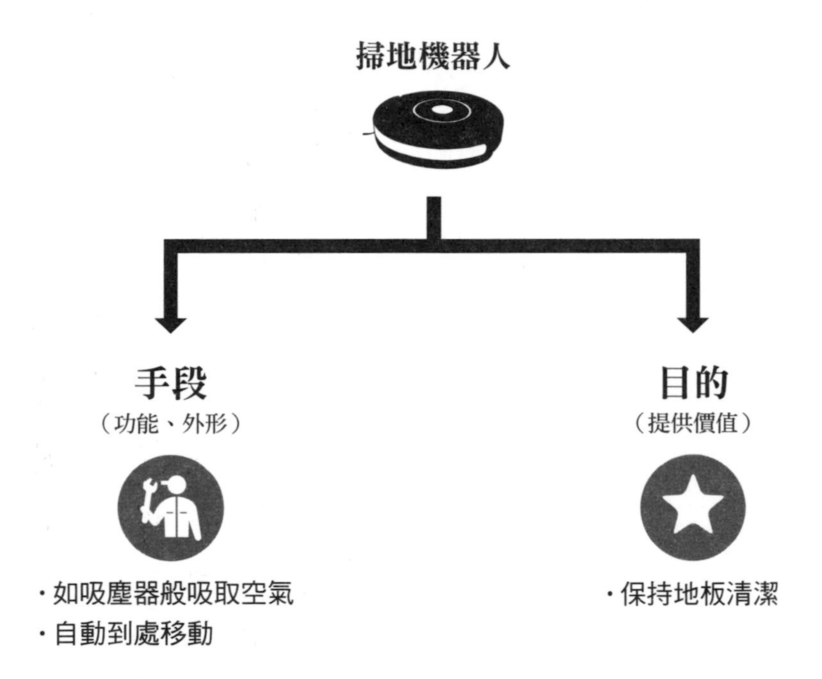

術確實對社會帶來影響為前提，探索其中發生的問題，並且嘗試思考如何因應。

活用這個方法的前提是，必須有預期可對特定業界造成巨大影響的技術存在，正因為有這種技術，並引發事業環境劇烈變化，才有必要預先思考。當然，由於各家公司都會思考活用此一技術的點子，所以科技轉換2的方法，會更進一步聚焦於緊接而來的社會環境，並探索機會領域。順帶一提，我近來關注的尖端技術包括人工智慧技術、自動駕駛技術、虛擬實境／擴增實境／混合實境（VR/AR/MR）技術、預防醫療技術、環境應對技術，以及顯示技術等。

在第五章汽車相關企業的案例中，對科技轉換2會有更詳細的說明。

第4章

收斂構想、提升品質

收斂就是創造
——需要高度創造性的流程

在創新專案的流程中，檢視機會領域、發想點子，以及提升點子品質時，通常會反覆進行「發散」與「收斂」的作業。各位讀者或許會覺得，發散是最富創造性與趣味的思考作業，收斂則顯得例行性而乏味。很多介紹發想方法的書籍，也沒有對決定點子的方法多加著墨，常常是完成創造性的發散作業後，任由成員採取「投票」這種簡易且機械化的手法來決定。

不過，收斂構想的流程本質上極富創造性，而且是可以大幅提升點子品質與實現性的流程。在龐大的組織內部，掌握專案成敗的關鍵往往在於收斂作業，而非發散過程。就實施的困難度而言，相較於發散的流程，收斂的難度更高。本書將以「篩選」與「精煉」兩個步驟，說明收斂構想的流程。

篩選的方法：混合使用客觀與主觀的觀點

我把將來極可能引發創新的點子稱為「創新點子」，如果可以明訂辨識這種點子的標準，篩選作業照理說更容易進行。

我認為，評量標準與篩選的流程，應將專案特性（到達目標所需年限、銷售目標、經營層所期待的事業或技術領域等）納入考量，並適時檢討。而專案成員根據評量標準深度思考的流程，有助於提升成員的辨別能力，也可在後續流程中提升篩選與精煉點子的品質。

雖說要根據專案特性建立評量標準，但是當然有一些基本的評量標準，了解它們有很大的助益。此處將介紹幾個具代表性的標準。我希望各位留意的是，我們的目的不在於找出一個能高度滿足所有標準的點子，而是可採用下列觀點，評量及討論發想出的點子，並藉此提升點子的品質。

① **新穎性**：從使用者的角度來看，是否具備吸引他們且前所未有的新穎之處？組成構想的目的和手段具有何種新穎性，正是評估點子時最重要的一點。最近的創新專案幾乎都是以創造新市場的破壞式創新為目標，而非延續性創新。因此，評量時可將重點放在對使用者而言的「目的」，據此評量新穎性。如果目的沒有任何新穎性，而僅僅是更新手段的話，結果就可能是帶來延續性創新的點子。

② **有效性**：是否有足以影響經濟和社會的規模與強度？也就是評量點子本身，或設定為前提的機會領域，其預期市場規模與社會意義是否具有一定的影響力？例如，可解決嚴重問題

的點子，會比帶給生活些微便利的點子更易贏取好評。再者，能預期帶來較大經濟效果者，愈容易獲得正面評價。直到不久前，還有很多人最關注「市場規模有多大」，不過，近年鎖定新市場型破壞式創新的案例正持續增加，創投資本家也更重視「可以解決客戶什麼問題」等質性資訊。

③實現的可能性：能否在專案預設的年限中付諸實現？發想點子，當然是以「實現」並「擴大」為許多人都能使用的階段為前提。不論點子多棒，都只有在普及後才能稱為創新。專案不同，預計達成的時間也不一樣，可能是「希望在五年後銷售」、「十年後也無妨」，或是「想做出預見二十年後的商品」等，重點是要考慮種種條件，評估實現的可能性。

④引發正反兩種意見的討論：亦即點子對成見的破壞程度，是否足以促使人們對它的評價出現分歧，甚至引發激烈討論。第一次看見、聽見創新點子時，我們常會有種想否定的感覺。會有這種感覺，可能是因為點子非常新穎，足以破壞我們不知不覺視為常識的成見。這種意見分歧的狀況在大組織內經常發生，一旦出現正反意見的拉扯，「否定」的意見往往導致決策難以前進。不過，有分歧意見存在的點子才是創新點子，因此更應該繼續推動。當然，若是所有人都覺得點子不太好而予以否定，也表示沒有使用者會接受，但請務必注意引發正反兩種

意見的這一點。[22]

⑤內含強而有力的價值觀： 點子所重視的價值觀，或是希望實現的價值觀，是否確實存在於點子本身與專案成員中？在評估新市場型破壞式創新的點子時，尤其需要留意這一點。如果是以新市場型破壞式創新為目標，那麼眼下並無市場，使用者也處於無消費的狀態。在此情況下，要讓使用者消費，關鍵不在於產品本身的具體優勢，而是要讓他們認同點子所蘊含的世界觀或價值觀。在使用過一次後，使用者自己也會朝深入理解具體價值的過程邁進。正如透過群眾募資研發的產品，以及有助於解決社會問題的產品、服務或行動逐漸受到矚目一般，在人們對構想的共鳴下形成的普及型態，近年來尤其常見。

我們應當牢記，在評估點子的過程中，真正「客觀的」評價並不存在。我雖然不像創投資本家一樣每天鑑定各種投資案，但每年仍有機會接觸超過五十個以創新為目標的點子，進行評估與建議。評估時，由於多數是在 i.school 這類大學內的開放性工作，所以也有榮幸近距離聽到大學教授、藝術總監、創投資本家等人的評價。

雖然我們總預設評量應該採取客觀觀點，但立足於所謂客觀觀點做出的評價，卻是極度主觀的內容。這些主觀的評價並無敷衍或偏頗，若將評價者的專業與審美觀納入考量相當合理，聽過說明後也能充分理解。這也就是說，無論鑑定時多麼嫻熟地採取客觀觀點，評價結果終究還是會帶著極大的主觀成分。但我們無須將此視為缺點，而是接受現實，並有必要設計出更有效的篩選流程。

創新點子——特別是有意成為新市場型破壞式創新的點子，因為原本就是在與無消費機會的狀態對抗，所以它的潛力更應該接受多元評價。評量不確定性高的點子，不應採取一般層層往上報告的單線報告線做法，而應納入其他部門高層、公司外部專家、技術人員、業務負責人等，以多人數、多元化的觀點來評量、獲取意見，如此才有效。從事組織開發與人才培育的經營顧問山口周即曾在著作中建議，[23]大企業內部評估創新點子的方法，應該採取「多人鑑定」、「尋找伯樂」的方式進行。

曾在發想階段提供協助的支援成員，在篩選點子時也能發揮重要作用。他們曾經徹底思考過點子，對於從機會領域內發想出來的點子有深刻理解，所以不論是在量化或質化評價上，都能給予高品質的回饋。在進一步提升點子品質時，應該積極善用這些回饋。

從客觀標準獲取主觀評價後，也不表示就該開始推動候選點子中最獲好評的點子。實際上，常出現專案成員欣賞的點子得不到肯定，表現相對平凡的點子卻大受好評的例子。即使一個點子贏得肯定，專案成員本身卻難以接受，那麼專案整體的品質恐怕也不會太高。正因如此，我主張應該採行兩階段的篩選方式：先以前述客觀標準評量後，再另外增加其他的評量。

①從客觀標準評量，與②從主觀觀點評量

「①從客觀標準評量」如前文所述，就是採用一般觀點，或是專案所設定的客觀標準，以給分與提供意見的方式進行，重點是盡可能保持評量人的多元化與多人數。

具體來說，第一步是由專案團隊的核心成員，加上支援專案的成員進行評量，選出約十個點子。接下來，邀請公司內部的關鍵人士，以及外部專家協助，以相同方式評量篩選出的十個點子，並另外安排時間做訪談調查。

訪談中，專案成員有機會回答提問，也會參與討論，對有潛力的點子有更深刻的理解。在這過程中，有些原本評價不高的點子，因專案成員基於不同理由主張繼續評估，所以仍有機會敗部復活。

「②從主觀觀點評量」簡單來說，就是篩選出約十個點子後，讓專案成員表明有無參與實現的意願。這種評量觀點本身就很主觀。

首先，將以客觀標準評量的結果，彙整為可參照的圖表或意見集。其次，讓專案成員參照前述結果，投出領導人候補票與成員候補票以表態，也就是讓成員表明，自己願意為了實現哪

些點子，擔任提升品質的任務領導人，或是雖不至於想以領導人身分推動點子，但願意以成員身分參加。

由於專案成員會看見以客觀標準評量的結果，所以也會在各式各樣動機下，投出領導人票與成員票（圖27）。

在這個時間點上，專案成員一方面確認自己對實現點子的意願，一方面以他人清楚的方式表態，其實非常重要。因為說穿了，創新專案的目標就是要讓點子普及化，一個點子即使在評量的階段評價很高，但如果無法在具體化的過程中提升品質，就無法問世。為了有效推動後續流程，請務必妥善利用篩選點子的流程，不只是挑選出好點子，更可藉此醞釀成員的參與意願（圖28）。

精煉點子的方法

一開始發想出來的點子，幾乎都缺乏比較具體的概念，約莫只需要一到三張A4紙，即可呈現相關資訊。但後續流程中必須增加資訊量，這麼做是要透過強化點子的具體性，以提升它的品質。

在產品設計領域中，有一個名為「快速原型設計」的方法。這個方法是在概念成型的早期階段，製作可視、可觸的模型，並以此為基礎，反覆進行有關生產的討論。這個手法雖然比較

圖 27　採用客觀標準與主觀觀點來評價點子

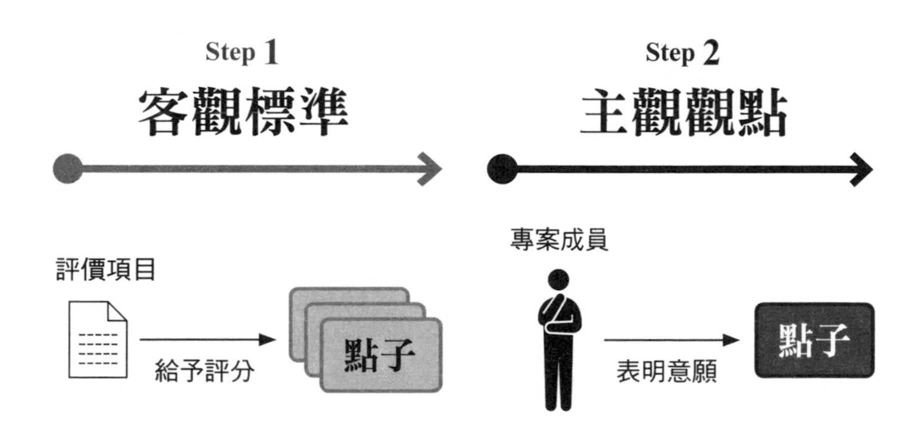

少在商業或工程領域看到，卻是產品設計與建築設計中常用的方法。

i.lab不只將這個方法使用於產品，也擴大運用於服務和商業的點子上。採用這個方法的優點，在於可以更有效率提升點子的品質。至今為止，企業不論是開發新產品、新服務或新事業，都是以階梯形的流程推進（如圖29左側所示），亦即逐步提升概念的具體性和品質，並盡可能在不修正的前提下，反覆達成簡單共識。待品質到達一定水準後，才端出點子，以訪談或問卷調查的方式確認市場需求。

這種流程在追求延續性創新時也許合理，但若以達成破壞式創新為目標，就必須考量到提供給使用者的新價值與尚無消費的狀態，盡可能在點子成型的早期階段，就向使用者展示構想，採取一邊獲得回饋，一邊提升品質的「螺旋形」流程（如圖29右側所示），較有效率。

剛開始，點子的品質或許不佳，但專案成員要盡可能製造出具體的原型，用來實施使用者訪談，然後再參考結果重新製作原型，反覆進行相同的作業（圖29、32）。

那麼，實際上應該如何製作原型？可想而知，如果是新牙刷的點子，可以利用現成的牙刷，透過調整形狀、塗色等方式，製作新的牙刷原型。如果是建築的設計，可以繪製草圖或以模型呈現。

不過，如果是創新點子，就算是產品，市場中也沒有類似產品，而如果是服務的點子，本

圖 28　專案成員對參與意願的表態，將決定實現階段的品質

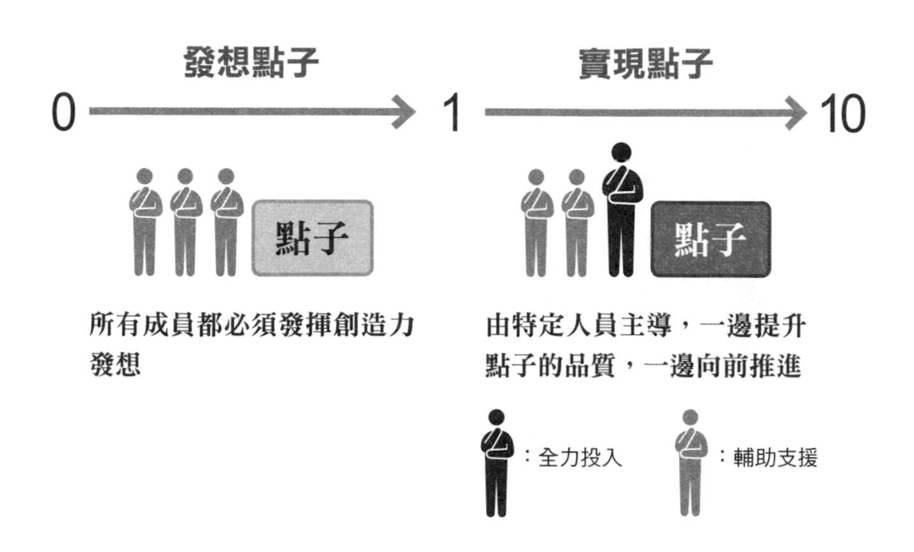

圖 29　提升點子完成度的螺旋形流程

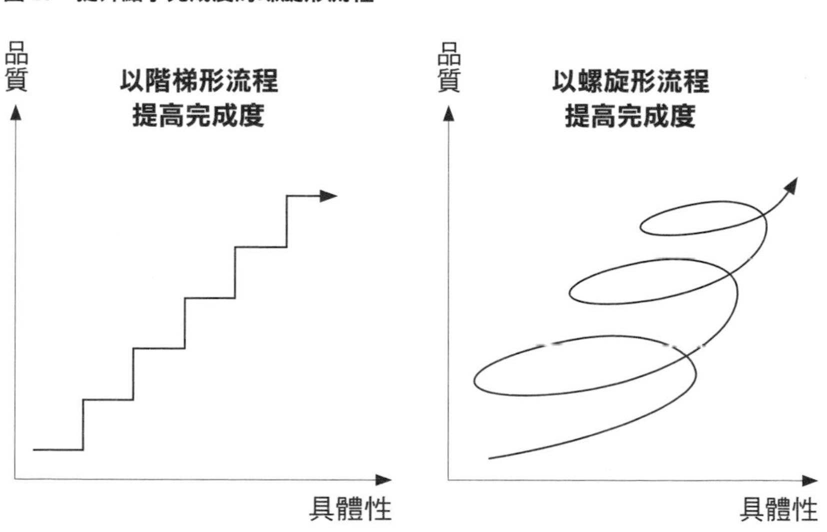

來就很難想像該製作出什麼原型。因此，我建議應該從人、事、物、商業模式四個角度來製作原型（圖30）。

製作人、事、物的原型

製作人的原型，要盡可能以文字或圖畫具體呈現最完整的內容。

①**早期使用者形象：**以照片、從雜誌剪下來的素材、圖畫，或關鍵詞等，呈現出產品的早期使用者，也就是最能體會產品魅力，並且初期就會購買的人或組織。行銷領域中有一種廣為人知的思考工具「人物誌」，亦即描繪出假想的顧客形象。早期使用者的形象，就可用製作人物誌的方式進行想像。

②**使用者意識到的問題：**提出假設也無妨，具體呈現早期使用者在生活中察覺到的問題。由於問題可能無窮無盡，可預先限定為跟點子提供的價值或與機會領域相關的問題。

③**使用者感受到的價值：**將使用者利用產品或服務後感受到的價值付諸文字。文字化的作業，不只用於製作人的原型上，製作事和物的原型時，為了更深入思考，也有必要。

④**使用者行為及價值觀的改變：**早期使用者使用產品或服務後，行為與價值觀出現什麼改變？照理說，使用者開始使用或消費新產品或服務後，其行為、與行為相關的價值觀，以及對問題的想法都會發生改變，應盡可能發揮想像具體呈現。

圖 30　製作原型的四種角度

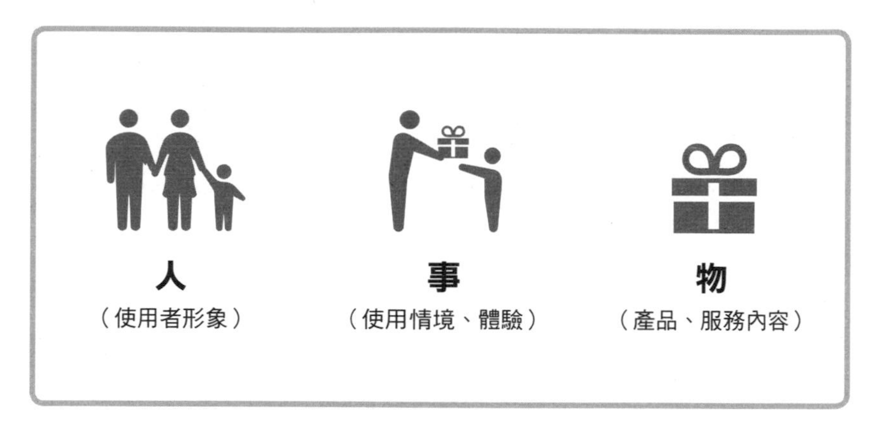

製作物的原型時，如果太講究完成度將永無止盡，因此，請從在便條紙上寫下產品要素開始著手。等到寫下來的要素，能一定程度呈現出產品的整體形象後，再請平面設計師繪製草圖，或由產品設計師製作立體模型。假如一開始就製作出完成度太高的原型，不僅耗費成本，之後要進一步調整時，也可能出現莫名其妙的堅持，導致重製作業遲滯不前，反而有違當初製作原型的目的。

寫出要素時，可從「設計」（樣式）與「功能」兩個角度切入，並以較低的完成度具體呈現要素。重點是先製作出「最陽春版但確實可用」的原型，以獲得使用者建設性的回饋。[24][25]

①**設計**：若為產品，則具體呈現它的形狀、顏色、質感等。若為服務，需要空間時，就呈現出空間的氣氛和設備；如果是利用智慧型手機的服務，則以使用者介面等具體呈現。

②**功能**：若為產品，則從技術面檢視必須有哪些功能、使用什麼零件。若為服務，則檢視資料流程與分析方法等，並予以呈現。

製作事的原型，則具體寫出使用者是在什麼地點，如何使用產品或服務？體驗的過程如何展開？此外，也必須具體交代由誰提供體驗。

①**體驗流程**：製作人的原型時，雖可簡單陳述使用者的改變，但此處應將使用者從接觸到使用產品或服務的行為和情緒等，詳細依時間順序記錄下來。

此外，在體驗流程中，也會分析討論使用者覺得產品或服務哪裡吸引人、哪裡麻煩，或讓人不太想用，並據此提升點子的品質。進行體驗流程時，可參考「使用者旅程地圖」的方法，儘管用途稍有不同，但比較多人知道這個方法，也有許多書籍可參考。[26]

② 利害關係人地圖：如果點子的內容是服務，則使用者從服務中獲取價值的過程，會跟許多人員與組織有關，要嘗試掌握全貌，寫下這些相關人員和組織，以及他們的作用。近來即使是發想產品的點子，也有一些工具能幫助發想者設計包含流通方式和售後服務等整體商業的運作，這類工具也有助於製作利害關係人地圖，以勾勒出點子的全貌。[26]

訪談預設的早期使用者

完成人、事、物的原型後，下一步是訪談預設的早期使用者。訪談目的，是展示在這個時間點將想法具體化的原型，並希望獲得建設性的回饋。為提升訪談效果，應該留意以下三點。

首先，訪談對象要由專案成員自己找。訪談對象應該是專案團隊認為，從初期開始就會對新產品或服務感興趣的人，也就是人的原型中預設的早期使用者。專案成員必須親自去找願意協助訪談的人，盡量避免將找人的作業全數交付給行銷調查公司。

因為，只有親身體驗才能明白，自己描繪的這群人究竟在社會中占多少數量？接近他們的難易度如何？如果遲遲無法找到符合早期使用者形象的訪談對象，那麼當點子實際進入市場，也將面臨一樣的困境。透過尋找訪談者的過程，會更清楚使用者是哪群人。

第二，訪談目的不是要請創投資本家投資。如果是基於這個目的，說明產品或服務時，就會滿腔熱血凸顯點子的美好、將對社會帶來什麼改變，以及市場會如何擴張等。然而，訪談的目的是為了提升點子的品質，因此重點是要對使用者清楚說明，提出可幫助改善點子的問題，以獲得唯有使用者方能提供的真知灼見。

要是詢問使用者「您不覺得這個市場會持續成長嗎？」，得到的將只是無關痛癢的回答，參考價值不大。訪談者的提問，應該是能讓使用者以自身立場回答的問題。例如：「假設有這種服務，你會不會想用？為什麼？」、「有沒有哪個部分讓你覺得很麻煩？是哪個部分？」等。

第三，不要連續訪談，應該分期實施。所謂一期，是指用同一個原型實施訪談的特定期間。為了提升點子品質，必須在訪談階段的某個時間點暫停，先整理訪談內容，並深入討論可以如何改善點子。此外，還有一個重點，訪談不是以團體形式進行，而是一次一位，專案團隊向使用者展示點子的原型，並花兩小時左右仔細訪談，以獲取回饋。

緊接著浮現的問題是，如果要充分提升點子的品質，究竟需要多少次訪談？老實說，對於最適當的數量，我個人也沒有定論。不過，根據經驗，每一個訪談期間，通常應該要有三至五名受訪者。

如果少於三人，往往會有找不到改善方向和重點的感覺；但若超過五人，又會因為使用者意見過於分散，以至於迷失改善的方向。因此，每一期訪談應包含三至五位受訪者，結束訪談調查後，先進入中場休息，再進入下一個階段：對「主幹」與「枝葉」的分析。

「主幹」與「枝葉」

事物的本質或主軸可稱為「主幹」，細節則稱為「枝葉」。以下，我會以「主幹」與「枝葉」來分析點子，說明提升品質的流程。

在實施約三至五人的使用者訪談後，專案成員能得到有關點子的各種回饋。在重新檢視訪談結果時，重點是必須嚴格區分，哪些是從使用者發言與專案成員的觀察中獲得的「事實」，哪些又是專案成員在訪談過程中得到的「啟示」。討論時如果將事實與啟示混為一談，討論內容就會一團亂，無法釐清應該根據什麼標準提升點子的品質、進行決策。

正確做法是應該以事實為基礎，並以此解讀啟示，提升點子的品質。因此訪談時，應該盡可能以錄音設備錄下談話內容，再委託專門業者整理出文字。或許有人會覺得，單憑訪談成員自己的紀錄已經足夠，可是根據我個人經驗發現，經驗值與專業度愈高的專案成員，反而愈傾向只記錄自己覺得重要的內容，或只記得對自己有利的資訊。更甚者，還有少數人會超越事實，自行衍生出啟示。這是一種為了有效率處理資訊而發展出的卓越才能。但我認為，像這類有目的的訪談，應盡量確保可在人人都能回溯事實資訊的情況下深入討論，比較恰當。

接下來，是從轉化為文字的訪談筆記中，抽取出重要的事實資訊。對重要性的研判因人而異，進行這個步驟時，應該尊重每位成員的個性，讓他們將個人覺得重要的資訊寫在便條紙上。除了與專案成員分享外，也應該說明為什麼覺得某些發言或觀察到的資訊特別重要，以及它對提升點子品質的意義，也就是針對「啟示」的部分深入討論。

根據訪談結果深入討論後，接下來是進入以螺旋形流程重製原型的思考作業（參考圖29）。如果只是胡亂重製原型，對提升點子品質毫無幫助，這時應該活用「主幹」與「枝葉」的概念。在一大張紙上畫出表格，橫向欄位的標題是「人」、「事」、「物」，縱向欄位的標題是「主幹」、「負向的枝葉」，以及「正向的枝葉」（參考圖31）。人、事、物的部分如前文所述，主幹與枝葉的部分以下略做說明。

主幹：形成點子核心的特徵，今後也應該盡可能保持不變的事物。

負向的枝葉：在點子的特徵中應該削弱或剪除者。指的是對使用者來說不便，希望可以刪除的步驟，或是產品中不必要的功能及裝飾等。

正向的枝葉：應該強調或新增的特徵。

然後，製作如圖31的表格，在各項標題交會處，將可做為製作下一版原型的重點，寫在便條紙，然後貼上。這項思考作業比較困難，但只要著眼於訪談結果的事實，往往進展得比預期順利。接下來，就是再挑戰第二圈的螺旋，製作第二版的原型。

以上就是提升點子品質的流程。先製作原型，然後使用原型進行訪談調查，再分析訪談結果，從中找出製作下一版原型的重點。流程如圖29與32所示，是以循環且呈螺旋形的方式相疊。

那麼，這個循環應該重複幾次？針對這個難題，我想提出三個管理指標來說明。

第一個是根據「專案期間」來管理。如果專案一開始就設定要在三個月內改善點子品質，就在這個期間盡量重複循環。三個月一到，就進入下一個步驟。

第二個做法，是以使用者心中的「預設價格」來決定。當他們對產品或服務的預設價格，達到商業模型所預估的水準，即可中止循環。這個做法的前提是，必須在已經對使用者說明過點子，且使用者也充分理解點子提供的價值後，才能詢問他們所認為的預設價格。請留意，這時的提問不是「您願意花多少錢購買？」，而是「如果在店面看見這項商品，它的定價大概是多少？」。

透過這個問題就能知道，使用者認為點子的價值可換算成多少錢。此外，訪談者也應該同時詢問使用者，他定價時所參考的其他產品與服務為何，如此就能獲得其他有用的資訊。例如，使用者可能是參考專家提供服務的收費來設定價格區間，或是以看待手機APP的角度設定價格，又或是與實體店面的一般產品比較等。

最後一個指標，則是確認使用者的「購買意願率」。專案團隊可以製作虛擬的宣傳手冊，標明產品規格、使用情境、金額等，並以假定產品/服務將於下個月上市做為前提，確認使用者購買的意願。

以上介紹的三個指標，請考量專案的目標與排程來使用。

商業模式的原型

最後，要討論的是商業模式的原型。想提升人、事、物原型的品質，是透過使用者訪談，但要提升商業模式原型的品質，必須採取不同方法。

要檢視商業模式的原型，有一個非常實用的思考工具：「商業模式圖」。[27] 這是由洛桑大學的伊夫．比紐赫（Yves Pigneur）等人所提出。它是一種以工作坊的形式設計商業模式的工具，介紹這項工具的書籍也是全球暢銷書。

商業模式圖是一個包括「價值主張」、「目標客層」、「通路」等九個欄位的框架。可將此框架描繪在一大張紙上，一邊思考商業模式的整體概念，一邊將各項要素寫在便條紙上，貼在各個欄位。商業模式圖的優點，是在製作過程中能一邊意識到商業模式的全貌，一邊進行設計

圖 31　提升點子品質的分析方法

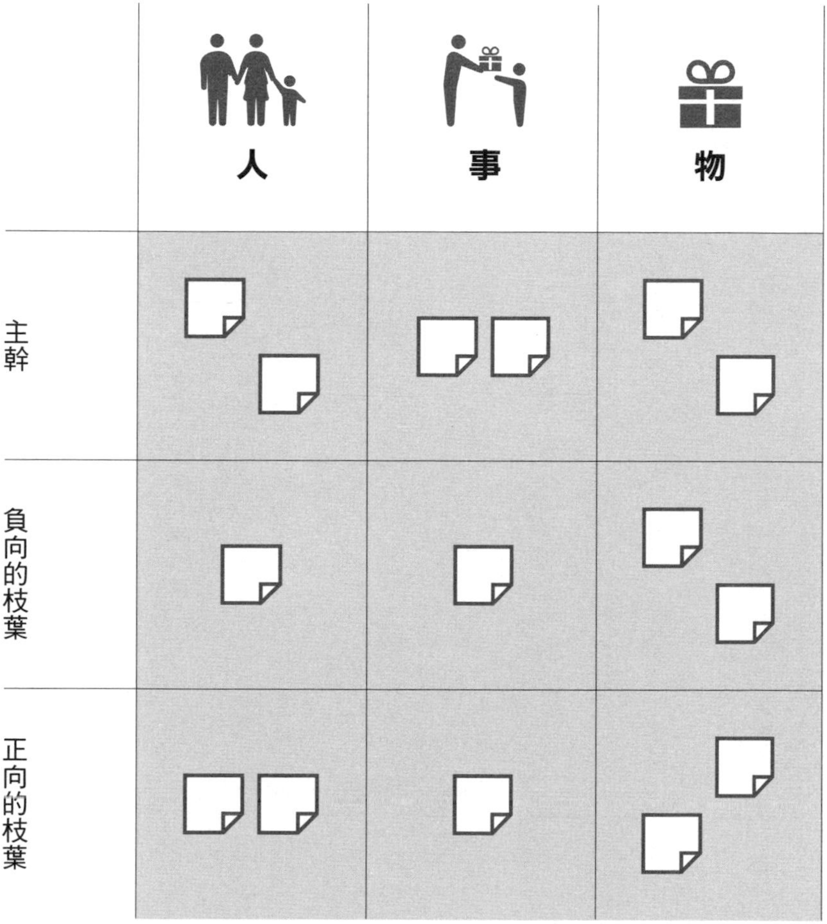

	人	事	物
主幹			
負向的枝葉			
正向的枝葉			

及調整。最後，將各個欄位的內容以 PowerPoint 等軟體詳細整理後，就可完成事業計畫書。

另外，在說明製作事的原型時，曾經介紹過的「利害關係人地圖」，也可嘗試以商業模式的觀點製作。因為在製作事的原型時，只考慮到使用者的觀點，應該漏掉許多使用者無法觀察，但對事業進展而言不可或缺的關係人、職務，以及關聯性等。

如同前述的幾種原型，商業模式的原型也是以螺旋形的流程提升品質。不過，提升品質的方法不是訪談使用者，而是訪談外部專家或公司內部的關鍵人物。外部專家可包括創投資本家、商學院教師、創新學校教師等。公司內部的關鍵人物，則不限高層主管，也可以包含在相關領域有事業開發經驗的員工，以及掌握該領域最新知識、人脈等資源的職員等。

對抗無消費狀態的方法

光是設計出商業模式，並不足以開發新事業。商業模式呈現的頂多是該模式可成立的穩定狀態，所以，也必須設計出一套事業開發策略，以用於還未達到穩定狀態時。尤其是鎖定新市場型破壞式創新時，首先必須要讓無消費的使用者認識即將成為新標準的價值，而開發市場的策略也不可或缺。

延續性創新是大企業之間的競爭，低階型破壞式創新則是大企業與新創企業間的競爭。但如果是新市場型破壞式創新，不論是誰，都是要跟無消費者或無消費機會的狀況對抗。那麼，

圖 32　透過使用者訪談，循環性地提升點子的品質

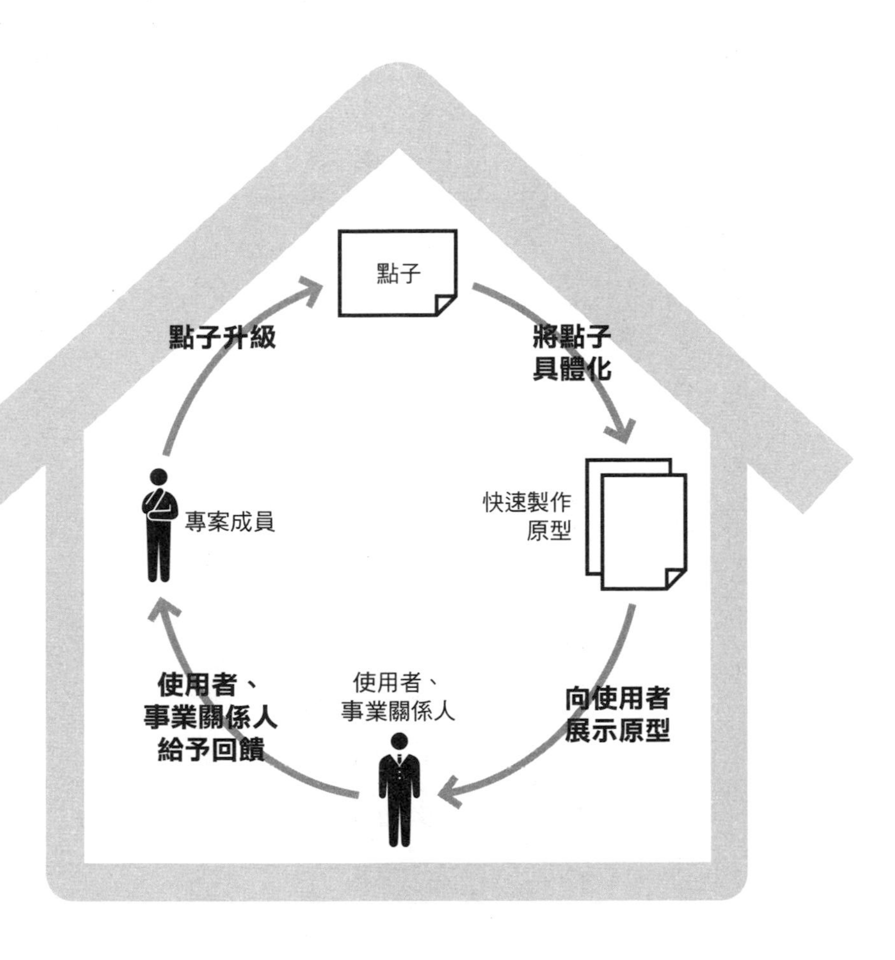

與無消費的狀態對抗時，什麼要素很重要？

以下將介紹兩個與無消費對抗的實際對策。

① 訴諸故事性

是否「內含強而有力的價值觀」，是評估點子的標準之一。也就是說，要評估一個點子是否明確存在著提案者重視的價值觀，以及希望實現的世界觀。

使用者在新市場的購買行為，截然不同於已經有消費機會的購買行為。後者的消費者，能比較同類別的其他產品與服務，擇優而取。反之，使用者在新市場開始消費的契機，是因為對點子所蘊含的世界觀與價值觀產生共鳴，而非認識產品或服務的具體優點。例如，投資以群眾募資方式開發產品的專案便是一例。這種專案經常是以之後開發出來的產品做為出資報酬，實際上即等同於「預約訂購」。不過，群眾募資的小額出資者，動機也可能僅是為了得到感謝，或是想支持一個夢想。此外，群眾募資網站上也經常能看到有利於解決社會問題的產品／服務／行動，在得到來自全球的共鳴下持續前進。

特斯拉汽車所推出的電動車「MODEL3」（台幣價格約一〇五萬）近來蔚為話題，儘管定價不算便宜，但短短一個月就拿到四十萬輛的預購訂單，等於一個月創下將近四千二百萬的銷售業績。[28]

「MODEL3」的佳績，應該歸功於產品的高品質，以及特斯拉汽車一直以來推出高價電動車的品牌形象。除此之外，佳績背後還蘊含著前述理由無法完全說明的爆發力，而爆發力的來源，就是共鳴與憧憬——對特斯拉CEO馬斯克所描繪的，奠基於可再生能源的社會有所共鳴，以及對他認真嘗試改變世界的挑戰精神感到憧憬。無消費者對於特斯拉汽車與馬斯克創造的故事產生共鳴，正是促進電動汽車及其相關市場得以發展的關鍵因素。

正因為是非常新的點子，加上所提供的價值無法一開始就得到充分認知，所以要透過清楚易懂的「故事」或「觀點」，讓人們易於理解、產生共鳴，創造購買的契機。這個方式對新市場型破壞式創新而言很有效果，今後或許會是對抗無消費狀態的慣用手法。

② 形成社群

第二個對抗無消費的方法是「形成社群」。就算我們對某些產品或服務不熟悉，但往往會因為自己信任的人正在使用，所以也跟進。例如，你當初使用行動電話的動機之一，是不是因為身邊的朋友和熟人在使用？近年來，有愈來愈多人會因為想建立與他人之間的信賴關係，或是為了加入既有社群等動機，進而購買自己不清楚價值的產品或服務，或是參與活動。

例如，索尼公司有計畫地企劃與推出「Life Space UX」[29]這套可改變家庭生活空間的系列產品。在一系列產品上市前，他們先在全國各地舉行工作坊，與使用者一起思考產品的使用情境和使用方法。這系列產品的出發點是對生活空間提出新的建議，因此必須讓使用者有機會體驗，並思考新的使用情境。不難想像，索尼公司的這些工作坊，不僅可在企業與使用者之間建立關係，也能在對產品有共鳴、感興趣的使用者之間形成人際網絡。

企業透過舉辦工作坊等活動，組成核心使用者社群後，其他無消費者想加入該社群的意願，就會成為接觸產品的有效契機。

正因為使用者對產品或服務的價值尚不清楚，因此企業可以將人們對社群的參與或人與人之間的連結，視為讓他們使用產品或服務的契機，用來對抗無消費的狀態。

推估「機會市場」與「預期營收」

創新點子的成敗具有不確定性，想要預測其經濟回報絕非易事。一般而言，如果管理的是既有事業，能以一定的精確程度預測市場規模及變化，再從中預估營收。但如果是前所未有的創新產品或服務，要做這樣的預測就非常困難。這是因為市場本身還沒有明確定義，沒有統計資料可參考，也無法判斷使用者對企業想提供的價值有何反應。不過，若光是拿創新點子的不確定性來當擋箭牌，也無法前進。

就經營層的立場而言，儘管他們有責任帶領公司在十年後持續成長、永續發展，但可能因為任期短，加上部分股東施壓要求高利潤分紅，常下意識地優先選擇可在短期內確認成果的提案。另一方面，開發新事業需要長期努力，加上成敗不確定性高，就算成功，也無法保證能獲得預期的經濟回報。在此前提下，想做出判斷，將公司的經營資源挹注於創新專案並不容易。

然而，經營層為了公司的永續發展，照理說除了既有事業外，當然也有心開創帶有不確定性的新事業，尤其是過去沒有的創新事業。同時，他們也會期待有朝一日自己退休後，或許就是由這些參與創新事業的成員接手，帶領公司成長。雖然經營層有意對創新做出肯定的決策，但同時又必須極小化目前的經營風險，以至於往往在這樣的兩難間做出判斷。

在此前提下，創新專案的成員不妨將新事業的經濟規模與預期營收，設定為「可助經營層做出肯定決策的理由」。人不一定是先有合理的理由才做出決策，也常常是在做出決策後，才尋找支持決策的理由。而且根據我個人經驗，愈是重要的決策，愈傾向後者。

當然如果所有經營決策都採取後者的流程，會有很大問題。不過，如果是可能開闢新市場的新事業，由於本質上包含不確定性，經營層也有充分理解，因此專案成員可以準備「可供經營層說服自己的理由」，做為他們做決策時的後盾。

而儘管創新點子帶有不確定性，但在做出經營決策時，對於接下來投入的資源，以及預估將有多少回報，都無法避免量化的討論。

因此，我建議應該先推算「機會市場規模」與「預期營收」。機會市場規模意指，儘管現在該市場尚不存在，但一旦真的開發為市場後，預估將有多大的規模？預期營收則意指，公司在這個市場能有多少市占率？預估能有多少營收？

推估現有事業的市場規模時，一般有兩種方式，包括使用宏觀資料，由上而下式地推估，以及從購買者數量、購買頻率、單價等資料，由下而上式的路徑。如果是想開創新市場的點子，也可以採用這兩種方式來估計市場規模和做為目標的營收規模。我雖然也常採用這些方式估算，但如果是要向經營層簡報提案，就不免覺得這種方式理論薄弱而乏味。

以下將介紹兩個有別於一般方法，但我覺得很合邏輯的案例，並說明優點。

機會市場推估案例 1：Times 24 投幣式停車場

在日本隨處可見的 Times 24 投幣式停車場，就是典型的新市場型破壞式創新。在 Times 24 於一九九一年推出投幣式停車服務以前，只有月租式停車場或商店附設停車場，還沒有計時出租停車場的概念。[30]

那麼，當時怎麼推估投幣式停車場的機會市場規模，以及營收規模？一般而言，通常會先找相關市場，也就是月租停車場市場規模的統計數據，再按照能從中取得多少百分比的邏輯，計算出機會市場規模。這個邏輯乍看之下合理，但從使用者角度來思考就會發現，使用者利用月租式停車場與投幣式停車場的契機不同，兩者所提供的價值也截然不同。因此，聽到上述推估方式的人可能無法認同，並提出一個簡單疑問：「為什麼不用月租式停車場，而一定得改用投幣式停車場？」再者，以投幣式停車場取代月租式停車場，應該也不是這個點子本質上要提供的價值。

如果是我，我會選擇著眼於使用者的使用契機與動機，據此推估機會市場規模及營收規模。首先，我假設使用者是為了避免因路邊違規停車受罰，而使用投幣式停車場。其次，我會將投幣式停車場提供的價值設定為，這是避免短時間路邊停車遭取締的「保險性服務」。之後，將「汽車數量」、「路邊停車取締率」，以及「單筆罰鍰金額」相乘，即可算出機會市場規模。如果簡化一些，也可以蒐集如「全年違規停車罰金總額」的統計數據。

這個做法的優點是，聽的人可從自身體驗出發，比較容易產生認同。畢竟所有駕駛人都有過不想因為路邊停車而遭取締的經驗。根據人們自身的體驗設想理論，我認為是一個非常有效的做法。

機會市場推估案例2：便利商店如果賣甜甜圈

接下來的案例，是典型的低階市場型破壞式創新。最近幾年，日本便利商店推出不少一般咖啡館和餐飲店銷售的商品，如咖啡與炸雞等雞肉餐點，並因此開創出新市場。由於便利商店是以低於咖啡館的價格提供商品，又增加便利性這項新價值，因此開發出全新市場。那麼，假如要在便利商店銷售甜甜圈，如何預估將有多大的機會市場規模？是否從便利商店販售的麵包、零食類市場去推估占有率即可？我想到的以下理論，可做為便利商店推出一般餐飲店商品時的簡單法則。

根據我的推估，目前在日本，諸如星巴克等咖啡連鎖店的市場規模，約為兩千五百億日圓；而便利商店咖啡與冷藏櫃的咖啡類飲料，市場規模約為兩千億日圓。其次，肯德基等速食店銷售的雞肉類餐點，市場規模約為兩千億日圓；便利商店賣的炸雞與雞肉類餐點，銷售規模則約是一千五百億日圓。不論是咖啡或雞肉餐點，都是一般餐飲店先開發市場，之後才在便利商店建立起低階市場。

在此提出一個簡單假設：便利商店如果推出一般餐飲店既有的餐點，約可建立起整體市場八成規模的新市場。所以，只要計算出一般餐飲店甜甜圈的市場規模，就能預估便利商店導入甜甜圈時，機會市場約是前者的八成。此外，便利商店會根據貨架面積設定銷售標準，所以可用銷售標準的下限，來評估是否要導入商品。這個方法的優點，是透過大家已經知道的其他案例，將類似的點子數字化。

接下來，又該如何在機會市場中估算預期營收？我想提出一個假設，那就是開創出新市場的先驅企業，在經過一定期間後，可在該類別中獲得五十～六十％的市占率，而且可簡化為五十％來估算。這個假設雖然沒有經過嚴密的分析或研究，不過符合數據的案例不少。因此，在實務上是時常採用，以簡化推估的便利假設。其他可簡化作業的便利經驗法則包括：同一類別中的第二名，市占率約為龍頭企業的一半，也就是二十五％；第三名再繼續砍半，以此類推。所以，可以在鎖定的機會領域中，先推估未來可能開發的機會市場規模，進而思考是要以龍頭之姿進攻，或刻意瞄準亞軍位置，然後即可套用上述經驗法則，推估出預期營收。

以上即是推估機會市場與預期營收的祕訣。我知道假設的精確度與提出的數字都過於粗略，但請記得，做此推估的目的是要「找到可說服自己的理由」。如同點子的其他要素一樣（如提供的價值、顧客、通路），機會市場規模與預期營收也不過是一種假設。重要的是，在製作人、事、物，以及商業模式的原型時，也要確實包含機會市場規模與預期營收，並且在向經營層提案時做出說明。我認為，比起數字的精確度，將上述事項納入評估，更有助提案得到肯定。

第5章

創新專案的設計與管理

流程設計與創造
——以 i.lab 參與的專案說明

第五章將以 i.lab 參與過的專案，說明創新專案的設計與管理。

i.lab 是幫助客戶發想及實現創新的顧問公司，由東京大學 i.school 的總監群於二〇一一年創立。它和一般顧問公司或設計公司不同。一般顧問公司大多專注於解決經營者的問題，i.lab 的特徵是參與企業發想點子的過程。此外，一般設計公司不會為專案量身訂作流程，多是交由技巧純熟的創意人員、設計師，依據主題活用自己的特長，再於一定期間後，向客戶提交點子。相較於此，i.lab 是讓客戶一同參與，個別為客戶設計專案，並以雙方合作的方式推進。

因此，儘管 i.lab 著重於近年的新潮流，也就是以人為本與設計的觀點，同時也延攬商業、工學，以及科學等領域的人員，混合活用顧問公司與設計公司的優勢。

i.lab 經手的專案，多是希望創造出概念新穎的產品、服務、商業型態，以開創新市場、新領域的專案。它們的目標不是更新既有產品，而是開拓全新類別，或是刷新概念本身，也就是要以專案為起點，開出一條全新的道路。

以創新為目標的企業面臨的課題，不只是從無路可走的狀態下起步而已，尤其是製造商，長年以來已經習慣以「延續性創新」的研究開發做為創新主軸。不過，在此情況下，企業也不須為了創造破壞式創新，全面汰換體制與做法，而是應該在公司原本制定的技術願景或技術規劃圖中，加入以破壞式創新為目標的要素等。這種策略效果顯著，也更實際。開發出許多生活相關商品的 LIXIL 專案，就是這類案例。

此外，i.lab 也提供建構創新機制的顧問服務，包括設計一套業務流程，讓企業內部持續產生有效的新產品、新服務及新事業，還有組織改革、人才培育策略等。也就是說建構可從公司內部募集點子，並與公司外新創企業合作的機制。開發資訊系統的SCSK公司即為代表。接下來，我將介紹 i.lab 與客戶共同經驗過的專案，希望可做為讀者日後挑戰創新專案的參考。

創造因應未來需求的新商業
——三菱重工集團的案例

三菱重工集團是日本數一數二的企業，多年來持續不斷在能源、環境、交通、運輸、國防、宇宙、機械、設備等眾多領域提供產業基礎設施。這幾年來，則積極投入中距離客機（三菱區間客機，MRJ）的開發、宇宙開發事業，以及再生能源事業的研發等懷抱未來夢想的製造工業。

另一方面，諸如美國奇異公司與歐洲西門子等超大型企業的躍進，以及新興國家的企業逐漸迎頭趕上，三菱重工的既有產品和事業群面臨嚴苛競爭也是不爭的事實。在此前提下，三菱重工開始渴望創造出可成為下一個核心的革命性新事業。特別是公司的年輕員工，逐漸產生強烈的危機意識，認為他們應該親手創造自己未來將肩負重任的事業。

跨部門的新創事業專案「K3」

跨部門的新事業開發專案K3[31]，就是在這種危機意識下展開。專案領導人是當時年約三十多歲的八木田寬之，他過去在既有產品的業務上交出十分亮眼的成績，有「王牌」的美稱。專案名稱「K3」的三個K，分別意指：Kiai：幹勁、Konjo：毅力、Kilo：創造一千個點子。一般來說，一千間創業的公司裡，大約有三間能成功。這個專案則反向思考，認為如果可以提出一千個點子，照理說應該會有三個成功。單是從專案命名，就能感受到專案領導者的個性、成員的幹勁，以及專案團隊的氣氛。

在i.lab支援下，K3專案開始啟動。專案團隊從三菱重工，集合了三十二位不同部門的資深及年輕社員，目標是「發想出在未來都市生活中，達成循環型高效率能源生活的產品或服務」，並展開長達八個月左右的專案活動。

團隊核心成員是專案領導人八木田，以及二至三位三十歲左右，有幹勁、有能力的年輕員工。但因專案各個任務需要的專業能力不同，加上公司內部人事異動等理由，實際上僅有八木田自始至終都參與，其他成員則陸續更換過。在 i.lab 的部分，則固定由兩名員工擔任主要承辦人，另外通常安排兩位助理職員給予協助。不過，我們也會考量任務的進度隨機調整，適時安排擅長相關任務的員工參與。

藉由訪談得到新的啟發

所謂的K3專案，是同時執行生活者觀點與技術面的調查，以從中找出潛力新事業所在的機會領域。

生活者觀點的調查，總共選定日本四個地點及設施，以及海外三個都市，做為觀察未來都市生活的樣本，並且實施包含訪談在內的田野調查，希望以生活者的觀點，揭露潛藏於未來都市生活中的問題。

例如，專案團隊一開始就著眼於水資源再生事業，所以造訪了位於長崎縣佐世保市的主題樂園豪斯登堡。該處採用先進的水資源再生系統，蒐集園內所有排水，經過高度處理後再利用。豪斯登堡平時不會將處理過的再生水做為飲用水，但因田野調查重視實際體驗，所以有專案成員試喝再生水，並深入探討飲用再生水時的心理障礙。

此外，為深入理解基礎建設與人的關聯，團隊也實施生活者訪談。訪談中，請教過一位特別的受訪者。他雖非建築背景出身，卻自行開拓山林，親手建造木屋，連水管、淨化槽設備，以及配電箱等都自己處理。他還在自家後院裝設以燈油為燃料的熱水器。刻意不用瓦斯，而選燈油，為的是讓自己和孩子都能看到能源的狀態。

過去說到水、電、瓦斯等基礎建設，一般都認為最好以不顯眼，或不特別意識到它們的方式設計、使之普及。可是經過訪談後，專案成員才知道也有人推崇恰恰相反的價值觀，並由此獲得對後續點子的啟發。

調查三百個品項

另一方面，技術面的調查則是分析公司內外將近三百項的先進技術與產品。從工程師、業務負責人、智慧財產權部的員工一起合作，針對專案關注的技術，分析相關的先進技術與產品，探討它們對使用者而言的價值，以及為實現價值的功能與外形等。

由於調查結果是要應用在後續的創造作業上，因此專案成員將每項技術與產品的照片、結構圖、關鍵字都製作成卡片，以進行整理。這項思考作業，是對於洞悉技術或產品本質的訓練，也能系統化地整理思緒，並據此邁向分析的下一個階段：發想。這種活用自家公司技術和產品，以探索新用途與市場的發想流程，非常適合像三菱重工這類擁有豐富技術資產的企業。
最後，K3專案找到的最具潛力的機會領域，也就是「未來新興國家的都市因人口密度急速增加，將衍生出各種問題」。

以「未來的都市生活者X技術」發想新點子

專案團隊分別從生活者觀點與技術面調查分析，並將未來都市生活的形象與可活用的技術交會組合，以發想點子。同時，也借助工具執行強制發想，嘗試撞擊出超越既有概念的點子。在反覆評估後，專案團隊總共發想出一〇四〇個新事業點子。

接著，團隊向公司各部門約四十位專家，請教機會領域與這一〇四〇個點子付諸實現的可能性及收益性，獲得不少具有建設性的意見。先前設定的機會領域：「未來新興國家的都市因人口密度急速增加，將衍生出各種問題」，在此階段進一步精煉為「在規模成長或縮減的都市裡，要有小規模分散型的彈性基礎建設」。

舉例來說，日本的地區都市在人口高峰期過後，現在都要縮小規模，都市計畫領域也提出「緊密城市」（compact city）的概念。如果在此概念下調整都市的基礎建設，又要和既有的供水和排水系統一樣堅固，就必須花費多餘的維持成本。同時也可預期，今後對基礎建設的新需求減少時，維護既有建設的成本將會逐漸提高。[32][33]

因此，如果有「可彈性縮減規模的基礎建設」，對衰退的都市而言會很方便。

另一方面，印度德里或印尼雅加達等地人口快速增加，要預測人口增加的狀況，並盡速建設大型水庫、淨水設施，以及發電廠等，絕非易事。為因應這種狀況，專案團隊更具體地思考「需要增建時，就能彈性增建的基礎建設」（圖33）。

專案團隊除了收集公司內部意見，並對機會領域追加調查外，評估點子時，也將新穎性、對社會的影響，以及做為三菱重工的新事業是否具有意義等角度納入，進而挑選出約十個提案。接著，專案團隊與經營層直接針對這十個提案討論，同時依據雙方皆可接受的理由，再縮減為最後兩個提案。

為了讓最後的討論能獲得建設性的意見，而不只是得到經營層認可，團隊事前即設計好會議的目的與內容。從結果來看，這麼做也是在專案的最後流程，進一步提升兩個提案的品質。

因應未來需要的供水與排水系統

專案最後選出的兩個點子，其中一個為「私有水系統」。私有水系統，是以都市裡住戶有數千人以上的大廈和住宅區為對象，由民間企業建置的供水及排水系統（圖34）。

私有水系統主要有兩大特徵。第一個是以「模組型系統」，淨化及循環使用大廈或住宅區內的用水（浴室、廁所、廚房的用水），也就是使用最先進的技術（逆滲透）高度淨化汙水，

圖 33　K3 專案設定的機會領域

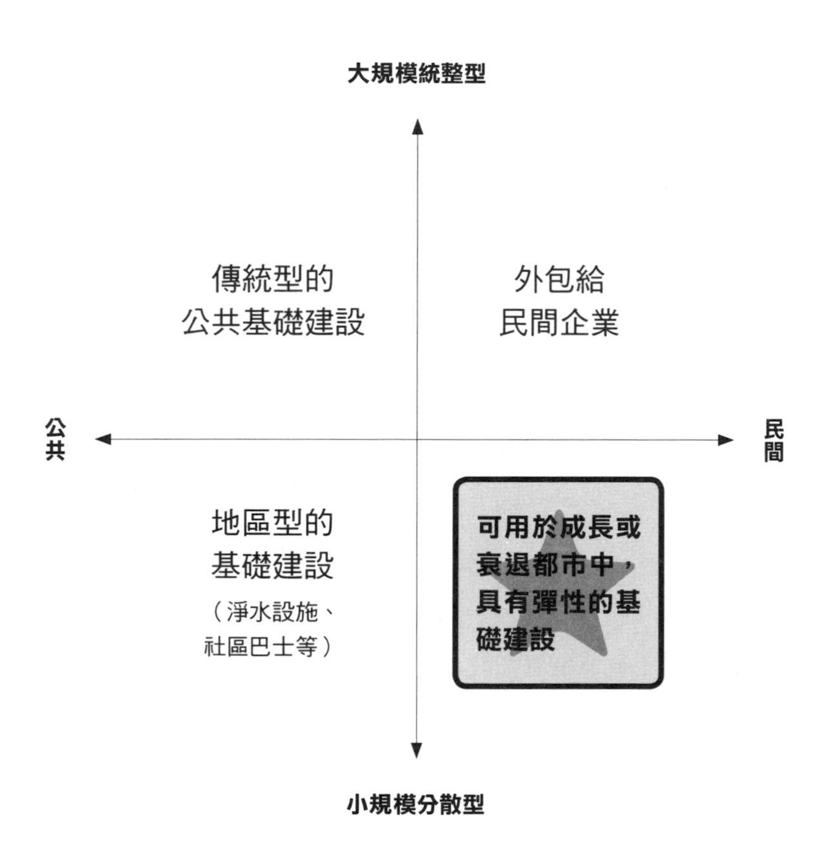

清淨度甚至超越自來水，再依據需求的水質和水量進行循環和供給。

第二個特徵是特有的「排水方收費系統」，也就是根據排水量與水質收費，而不是像自來水一樣按照使用量收費。如果用戶僅使用必要的水量，並避免汙染，費用就能相對便宜，這一點也能做為愛惜水資源的誘因。

這些特徵乍看之下偏重技術與商業層面，但同時也包含著促使人們改變用水行為的想法，希望藉由私有水系統的普及，解決全球水資源不足的問題，並鼓勵人們用水時盡可能避免不必要的汙染。

i.lab非常重視以人為本的思維，在進行調查與發想的階段如此，在完成點子內容的最後階段也是。這個點子希望如何改變人的想法與行為？期望在社會上誘發何種正向變化？實現這個變化的具體產品、商業機制，還有事業策略又是什麼？我們會整體思考這些問題，持續不斷的精煉點子。

取得專利權，有助於推動專案

為確保點子的競爭優勢與展開事業時的選擇機會，專案團隊將K3專案的成果，也就是包含私有水系統在內的兩個點子，在日本國內提出二十件專利申請（私有水系統十五件，另一構想五件）。其中，私有水系統的專利因為是利用「超早期審查」，申請後，僅費時兩個月即成功

圖 34　私有水系統（PWS）

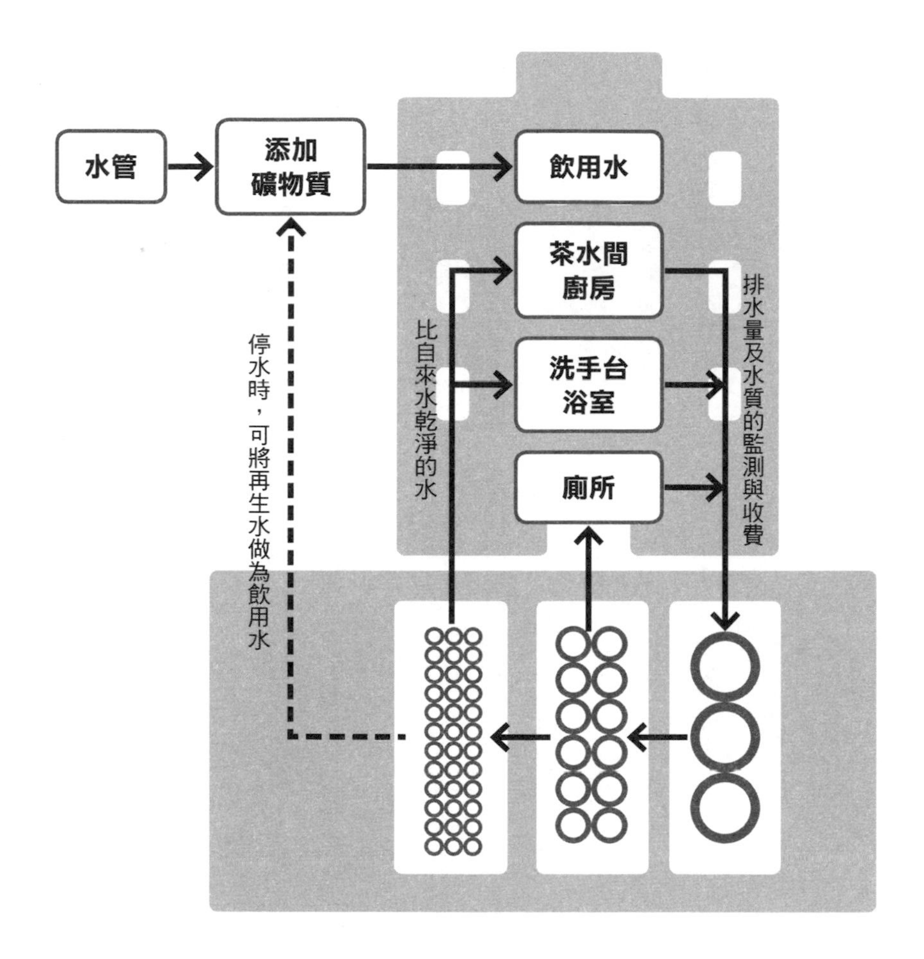

取得兩項主要專利。之後，總計十五件申請也都已經取得專利，並進一步取得國際專利。

在具有高度不確定性的新事業開發專案中，如果點子的新穎性與實現可能性，能得到專利權的背書，將成為推動專案的助力。因為，能否取得專利權，一直是多數公司在研發上的評量指標之一。K3專案是以創造新事業為目標，儘管公司內部缺乏評量新事業的標準，不過一旦點子得到原本的研發評量指標認可，專案團隊即可用以主張專案的優異表現，在推動上也更有利。刻意使用與既有業務相同的評價指標來展現成果，如此一來，即使是全新、具有不確定性的創新專案，公司也非得認同不可。

此外，這個專案是跨部門延攬人才，參與專案的成員多達三十二人，並有將近四十位內部專家提供意見，總計有七十二名員工與它相關。團隊也十分積極從事內部宣傳，以期盡可能增加與專案相關的人員。這是因為早在專案初期，我們就已經認知到，在發想、實現，到實際向顧客提案，以至於普及、擴大的創新流程中，必須讓各個階段的關鍵員工參與。專案規模小，雖有助於加快進展速度，整體氣勢卻大不起來。創新點子本身已經有不確定性，因此不應單憑數字或理論說服旁人，而是必須花心思讓更多人了解，讓專案推動時更有氣勢。

創新專案產出成果的祕訣——來自專案領導者八木田寬之的說法

以下內容，是由實際負責專案的八木田所提供的成功祕訣，有許多值得參考之處。

所有事情都可以歸結於「目的何在？」。一個點子只有在世上廣為普及，人們的行為開始改變時，才可以說對社會的進步有所貢獻。

因為全球人口增加，導致資源（能源、水等）需求也大幅提升，我的使命就是如何在不增加資源使用量的情況下，透過高效率的使用，將有限資源發揮到極致，並且打造善待環境的循環型社會。

我認為，如果能將這類基礎建設送往全球每個角落，將可為下一代、下下一代保留光明的未來。

這就是我設定的新事業目標。化構想為事業、產生營收或利潤等，都只是過程，距離達成目標尚有一段距離。如果想走完這條漫長的道路，必須穩扎穩打地培育事業。而若想要長久發展，新事業必須妥善利用企業原有優勢，否則很難維持。

還有，不可心急也是重點。新事業要為市場所接受，自有其時機。如果將普及設定為最終目標，那麼就必須判斷最有效果的時機為何，並且為此預先做好準備。

「為什麼是現在做？為什麼是做這件事？」我認為，如果可以清楚回答這些問題，那麼無論做什麼都能成功。

接下來介紹的是性質略為不同的 LIXIL 專案。LIXIL 旗下擁有 TOSTEM、INAX、新日輕、SUNWAVE、TOEX 等品牌，是日本住宅設備機器與建築材料最大的生產商及銷售商。由於 LIXIL 幾乎包辦住宅內的各種設備與材料，又是業界龍頭，因此它所勾勒的未來住宅，可說正揭示了今後住宅的方向。

LIXIL 研發機構內的企畫部門找上 i.lab 諮商時表示，「我們希望透過以人為本的觀點，思考研發的願景」。LIXIL 與 i.lab 在專案開始前的數次討論中，曾經觸及幾個話題，包括：「要預先為不明確的社會變化與業界變化做好準備」、「技術與社會產生變化，物與人的關係也將大幅改變」，以及「LIXIL 已經公布了四項重點技術領域」。i.lab 會考量企業所處狀況、企業認為必須解決的問題，以及業界特性後，才量身設計專案流程，因此非常重視專案前的討論。透過這些討論，i.lab 歸納出以下重點，並著手設計專案：

・要善用部門累積的調查結果，以簡化專案的調查工作

·從以人或以社會為本的角度，發揮創造力思考
·LIXIL 成員也應積極發揮創造力思考
·除了注意今後將對業界造成影響，具高度確定性的社會大趨勢與技術主要潮流外，也應處理帶有不確定性與不清楚的未來意象
·先將最初階段的目標，設定為在技術與人類未來的交叉點上描繪出機會領域

從四個象限分析生活者的意向

接下來，我將基於這些前提，並使用圖35來介紹設計這次專案一開始使用的思考框架。首先，是將生活者對於未來生活與住宅的想法（需求），分為四個象限以釐清。

橫軸劃分的是：生活者對自己未來想過的生活是否有明確想像？舉例來說，希望享受便利生活的這個想法現在非常明確，十年後、二十年後應該也不會改變。不過，就算外部條件齊備，上了年紀的人是否希望和子女同住呢？相較於便利性，這個問題的答案顯然比較不明確。這種找出切入角度的作業雖然不容易，但 i.lab 與 i.school 過去累積多達數百件的訪談調查和田野調察，我們就是以此經驗做出推測。

再者，縱軸劃分的是，業界是否清楚生活者的想法。

例如，圖35左下方的象限指的是，生活者本身立場明確，業界也清楚理解其意向，當然也

存在著可回應生活者想法的產品或服務，並且已有既有事業。左上方的象限則是生活者的意向明確，如果業界或企業能掌握，將可提出相應的產品或服務。右下方象限意味著生活者的意向並不明確，不過業界和企業卻能清楚掌握，可視適當時機提出產品與服務。

讀者也可以將文中提到的意向、意圖等替換成「潛在需求」、「外顯化的問題」等比較普遍的說法。

在兩個階段進一步分析

這次的專案區分為幾個階段。A階段的目標，是要找到生活者自己也不清楚的潛在需求（即右上方象限），然後將之抽象化，設定為事業的機會領域。

也就是說，高齡者是想和子女同住，或者不想給子女添麻煩，希望獨居，還是想住養老院等，這個部分並不明確。但企業在思考未來生活的面貌時，還是要試圖了解他們的想法，並提出假設。

接下來在階段B，要嘗試在先前設定的機會領域，發想出具體產品或服務的概念，並對研發出來的可能性加以評估。也就是說，A階段是根據以人為本的觀點設定機會領域，B階段則要提升公司內部對專案明確的認識，並將之落實於研發的願景。

圖 35　做為專案起點的思考框架

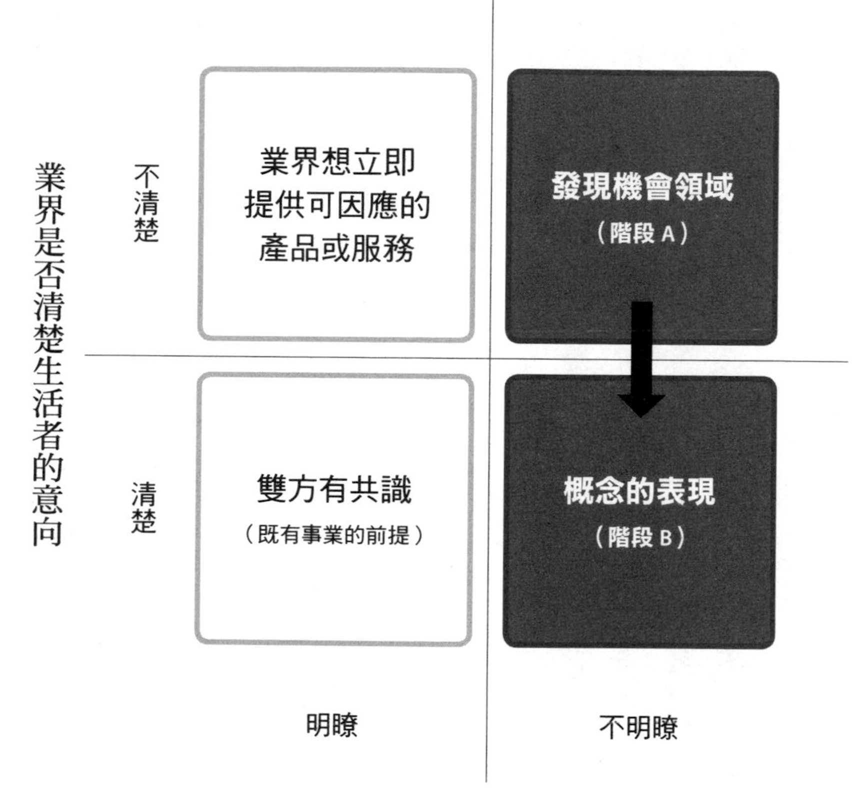

鎖定三大領域開始調查

在決定專案整體方向與各階段目標後，就可開始設計調查。首先，在今後業界可能出現的幾個不確定卻有極大影響力的變化中，鎖定供應鏈、使用者，以及參與者的變化，做為應當深入理解的領域。至於影響業界的外部因素，則以PEST（政治、經濟、社會、科學技術）的觀點調查主要趨勢（圖36）。

供應鏈與參與者的變化，我們是從新聞報導與論文等公開資料中，蒐集分析目前雖然才剛萌芽，但對了解今後社會有極大啟發的事件。這個手法本質上與第三章介紹過的「洞察未來」相同，也就是以跟未來相關的一點新資訊為基礎，思考非線性的未來在它的巨大影響下，會是什麼樣貌。

為深入洞察使用者的變化，我們使用極端使用者訪談，以獲取對於未來社會的啟示。第三章曾經介紹過，極端使用者訪談的對象，是屬性、行為特徵和價值觀偏離平均值、非多數大眾的生活者。本專案採取此一做法，是想對最新社會現象、流行與變化的徵兆有本質性的理解。

例如，i.lab有累積多年的極端使用者訪談資料，我們從中找出幾個特別對象訪談，例如「不是建築專家，卻自行設計或自建住宅者」、「提供民宿服務的Airbnb超級屋主」、「有錢卻不買房的人」等。在訪談中，我們邀請平常少有機會直接聆聽生活者意見的技術成員參與，讓他們透過親身體驗，對未來的生活有更深刻的理解。

圖 36　設計調查時的思考框架

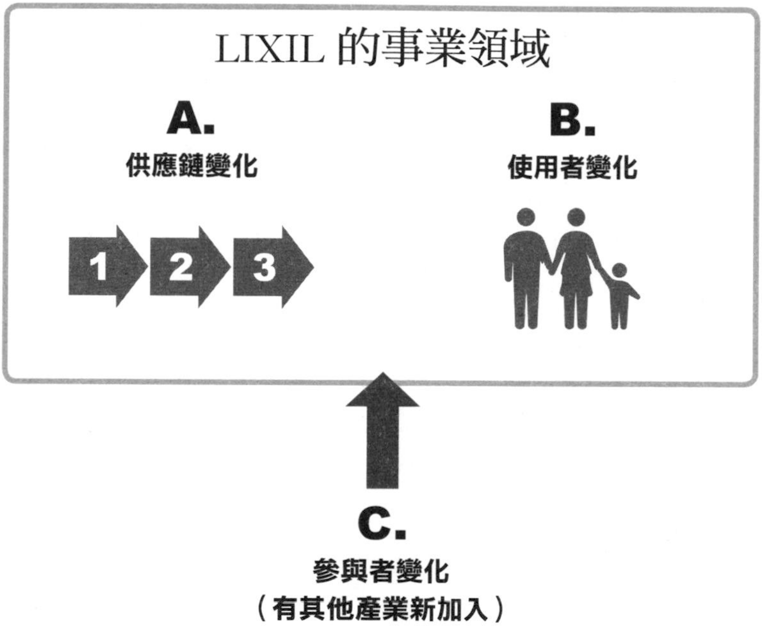

LIXIL 的事業領域

A.
供應鏈變化

1 2 3

B.
使用者變化

C.
參與者變化
（有其他產業新加入）

接下來，是為了洞察社會趨勢的調查。想掌握未來的生活方式與居住方式，不只是要對人的改變有深入微觀的理解，也要從宏觀角度調查分析社會的變化。在本專案中，我們也考察了與 LIXIL 的事業領域雖然無關，但可能會對未來造成極大影響的社會變化。

舉例來說，我們對「自動駕駛汽車的開發與普及」、「共享經濟的抬頭」、「物聯網」等主題進行深入考察。調查這些宏觀變化時，可以利用坊間與未來學相關的書籍。不過，將大量由不同背景作者撰寫的書籍一字排開，從中比較、篩選主題時，請務必留意，這項調查的目的不是要找出他人未曾著眼的嶄新主題，而是篩選出絕對不容忽視的大趨勢。同時，我們會在各種大趨勢中，優先挑選極可能對 LIXIL 所處業界造成巨大影響者。

調查有助於產生新的認知，但也必須小心，別將調查本身當成目的，同時還應牢記，調查是為了後續的創造而存在。只要調查就會增加資訊量，可是若僅盲目埋首於調查，沒有活用資訊思考，以創造新的洞見，那麼無論花費多少時間，也無法發想出新點子。

有鑑於此，我想介紹調查時的態度、習慣和做法。第一個是調查的態度。和以累積知識為目標的調查不同，創新專案的成員應該將調查視為創造的事前準備。第二，不論是調查時，或是整理調查結果時，都要養成習慣，經常思考眼前的事態和資訊對專案目標有何啟發，並與成員討論。第三，應以活用於創造為前提來整理調查結果。請務必活用這些訣竅，讓創新專案不只是蒐集資訊的專案，而能真正發揮創造性。

預先發現未來的需求

我們在試著對未來社會有所洞察後，接著以長期觀點評估 LIXIL 開發產品、服務及事業的可能性，並探索具潛力的機會領域。不過，如果一開始就設定太抽象的機會領域，團隊成員可能無法充分理解，也就難以提出好點子。設定一個潛力無窮的機會領域固然重要，但同樣重要的是，專案成員必須對該領域有深入了解，甚至可以舉出具體事例。

為了讓成員清楚掌握機會領域，首先，可以嘗試描繪「社會情境」，也就是盡可能具體勾勒出未來的場景——與什麼樣的人在什麼樣的場合，因為哪些事情開心，又面臨什麼問題等。這是以調查所得的生活者訪談結果、宏觀趨勢等做為素材，並從未來社會中切取出一個情境的思考作業。

在這個專案中，我們將橫軸設定為供應鏈、使用者，以及參與者的變化，縱軸設定為大趨勢，先討論兩者交會之處可能產生何種社會情境（圖37）。

在討論社會情境與機會領域時，除了 LIXIL 的員工與 i.lab 的成員外，我們也邀請外部的設計師、創意人員、大學教授等加入。他們帶來各式各樣的觀點，讓討論面向更多元深入。一個好的機會領域，會讓人覺得可將社會變化做為契機，催生出各種點子，例如，發現使用者的新需求、活用先進技術創造出新價值等。我們假想出生活者的社會情境後，對下列議題進行討論，包括：LIXIL 未來可能推出什麼樣的產品、服務或事業，以及今後應傾力於何種研究領域，才能付諸實現。

研發時套用以人為本的思考方式，就能考量未來會出現的需求，搶先制定研究方向與技術策略。目前，LIXIL 公司正進一步釐清已經發現的機會領域，並開始製作可望於該機會領域中實現的產品及服務的概念模型。

展望未來，明察生活者需求——汽車相關企業的案例

接下來是汽車相關企業的新事業開發專案。

在專案開始前，該企業跟我們達成的共識，是希望採取設計思考等以人為本的發想，思考接下來十至二十年的新事業。汽車業雖然是以技術決定事業成敗，但企業表示「希望以人為本來思考，而非從科學技術出發」，這與 LIXIL 的案例有異曲同工之妙。兩者的差別在於，LIXIL 的目標是制定研發願景，本案的目標則是創造新事業。

圖 37　考量機會領域時的思考框架

設計思考在汽車業界無法派上用場？

事實上，近兩年希望從人的角度發想點子，而來 i.lab 與 i.school 諮商的企業急速增加。我認為，這是因為有愈來愈多企業從「創新就是技術革新」的魔咒中解放而出，開始以更寬廣的概念看待創新，並對設計思考寄予厚望。

的確，像日本的汽車業或物流業這些由卓越技術能力所支撐的優秀系統、享譽全球的優質企業，如果能採取以人為本的設計思考來開發產品和服務，簡直是如虎添翼。

然而，面對這個案例，我卻直覺認為設計思考恐怕徒勞無功。通常，在設計工作坊與專案時，我會先試著模擬流程，以確認是否可以確實提出點子、過程中有沒有什麼不順，以及哪個部分比較困難等，以便之後有自信地對客戶提出專案流程，並預先掌握問題所在。這次我們也依客戶要求，採取設計思考的方法設計流程並事先模擬，結果就發現不太對。

刻意先從技術的角度切入

從結論來說，最後這個專案並未採取以同理使用者為起點的設計思考，而是以技術調查為起點。但由於整個專案還是致力於洞察人與社會，廣義上仍是以人為本的創新方法，只不過一開始不採用如使用者訪談、田野調察等設計思考的做法。

「以人為本」、「設計思考」是近年炙手可熱的方法，如果客戶又提出使用這類方法的要求，顧問公司通常會傾向直接採用。但若考量業界特性、業界趨勢、專案目標、企業想處理的問題，以及企業內部專案成員的專業等條件，並無法保證這必然是最適當的發想路徑。過度肯定「設計思考一定能帶來創新」，其實等同於迷信「技術革新就能帶來創新」，這種非如何不可的想法，本身就相當缺乏創意。基於種種考量，這次我們採用截然不同的方式來激發創意。

詢問使用者對未來的想法，可能錯判情勢

一開始，我們先依客戶提出的要求，採取以人為起點的路徑（即設計思考）模擬專案。這時我們第一個注意到的問題是，如果在中長期的未來，汽車業界本身出現巨大質變，那麼即使訪談目前的使用者，仍可能誤判將來情勢。

當然，業界的變化無時無刻都在發生，不過這裡指的是產業結構本身與競爭要素等的質變。訪談現有使用者，或許可以了解他們對於目前的汽車、內裝設備，以及設計等有什麼潛在需求。可是我們必須考量的是，在未來十年左右，可能有幾項要素對汽車業界會造成巨大的質變，例如自動駕駛技術，以及動力來源的變化。

倘若拿現有的汽車，與二〇二〇年以後受到前述要素影響的汽車比較，就會發現駕駛人的使用情境將出現劇烈變化。如果以現有使用者為對象進行訪談與田野調察，據此思考出新產品，在汽車本身存在意義可能出現質變的五年後，這些產品也將顯得陳舊而無用。我在執行專

案模擬時之所以感到不安，正是基於這個理由（圖38）。

那麼，應該如何進行？我提出的假設是先審視技術調查的結果。對此，客戶也表示已經做過一些技術調查。我很清楚會有這種狀況，所以覺得有必要再說明我對問題的認知，並與負責調查汽車先進技術的部門人員討論。可想而知，既然是汽車相關企業，他們當然會調查先進技術取代既有技術並且普及的可能性、對既有技術的好處何在、最新技術的普及將以什麼樣的速度發展等問題。

不過，我也參與過汽車製造商的專案，從中得到的感想是，企業對下列問題往往缺乏深入的調查與檢討：當最新技術逐漸普及，對生活者與社會將造成什麼變化？其結果又會創造什麼樣的新價值、需求，以及問題？也就是說，我認為，在假設先進技術已經普及，且造成社會發生質變的前提下，我們必須採取以人為本的角度，深入理解在此情境下可能產生的需求。

「點子」是目的與手段間的關係

因此，我決定依循下列方向設計專案：

（1）即使察覺使用者目前的需求，但忽視可能造成巨大質變的汽車相關技術，發想出的產品也不會有太大影響力。

圖 38　專案開始前，察覺專案設計上的問題

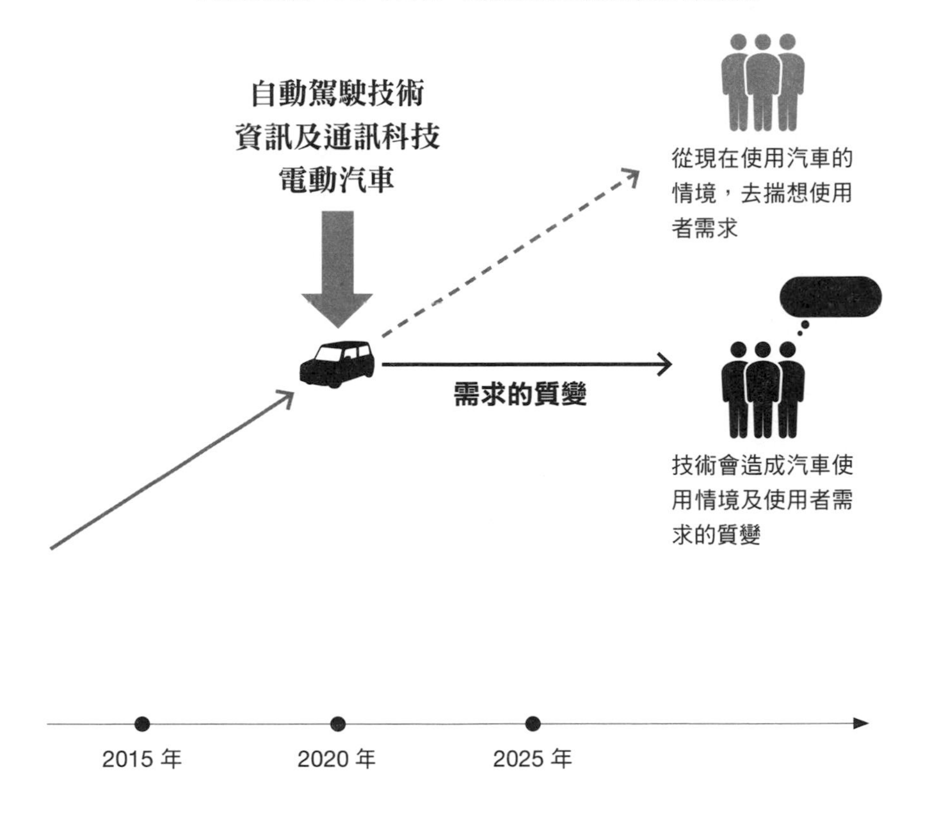

（2）因此，本專案將以尖端技術普及所導致的社會質變為前提，預先探索未來可能出現的需求。

（3）清楚辨別點子的「新穎性」是「量」的新穎，抑或「質」的新穎。

第三章曾經提到，產品與服務的「點子」，其實是「目的」與「手段」之間的關係，如果目的或手段缺乏新穎性，點子就只是其他產品的複製品。而新穎性包含兩種：由A到A⁺的量變，以及由A到B的質變（圖39、40）。

目的的量變：使用者原本就存在的需求變得更強烈。業者思考可回應此一需求的點子。

目的的質變：過去不存在的需求，基於某種理由出現或外顯，解決的對策即為點子。

如果只看目的，那麼「想更安全安心地生活」、「希望減少浪費」等目的，相對來說存在已久，人的需求程度今後應該也會繼續增加，這些就屬於量變。另一方面，「希望能和親朋好友即時聯繫」（對應的產品：行動電話、社群網路服務等）、「傳達及保留自己的生活紀錄」（對應的產品：社群網路服務、部落格等）則是相對新穎的目的，二十年前，幾乎不存在於一般人的目的意識裡，這就明顯是目的發生質變的案例（圖39）。

如果以相同思維檢視，則手段的變化也有兩種。在量變部分，以汽車來說就是降低油耗或降低車內噪音的技術等。質變的部分，則是如汽車駕駛由人轉為機器的技術，以及汽車的動力來源從引擎轉為馬達的技術。

圖40下方，顯示的是透過改善生產出的新產品或新服務。另一方面，上方顯示的則是「破壞式創新」——儘管達成的目的性質相同，但是手段性質有別，而且產生劇烈的變化。要區分是量或質的手段改變，可從是否造成實現目的的技術領域在研發方針上大幅改變，以及產業結構與供應鏈是否因此截然不同來看，或許更有助於理解。

舉例來說，變更引擎設計雖然降低油耗，但動力來源技術的研發方針沒有改變，產業結構和供應鏈也一樣，因此屬於量變。反之，汽車的動力來源若從引擎變成馬達，則動力來源今後的研發方針與產業結構和供應鏈，都將出現劇烈的改變（圖40）。

手段的量變：一項包含多種技術的產品要素中，某個關鍵要素的功能在量上獲得提升。至於技術領域與供應鏈並無質變。

手段的質變：一項包含多種技術的產品要素中，某個關鍵要素更換為性質相異的要素，而且新要素的技術領域與供應鏈，皆有別於原有的要素。相當於「破壞式創新」。

從假設出發

一般而言，既有領域中的新產品或新服務，多是鎖定圖41左下方的區塊。企業在執行市調與技術調查後，根據調查結果發想出新產品或新服務。

一直以來，日本的企業，尤其是製造業，通常是針對可量化評估，且今後預期仍將繼續增加的已知需求，透過提升既有技術，或是以先進技術取代舊有技術，嘗試想出新點子。這種做法的特徵之一，是不會給生活者帶來目的上的質變，至少這些方法不是以此為目標。另一方面，近年來備受矚目的以人為本的思維，則是著眼於目的，而非手段，其特徵是探索全然不同的新目的。

如果想用汽車業界未曾採用的方式發想點子，是否應該使用以人為本、探索新目的的流程？可惜答案沒這麼簡單。現在在汽車業界，達成現有目的的手段正產生巨大的質變，例如自動駕駛、電動汽車等。如果不考慮這些情況，即使採取以人為本的觀點調查使用者，試圖探索新目的，產出的點子很可能馬上就跟不上時代。那麼，是不是該重視技術觀點，根據自動駕駛或電動汽車等新技術來發想？遺憾的是也沒這麼單純，因為相關企業都正在這麼做。

在此前提下，我提出了一個設計假設：企業並未充分調查過，如果汽車的新技術未來普及時，使用者的使用情境會如何變化、是否可能出現新目的。我即是根據這個假設設計專案。也

圖 39　目的變化的種類

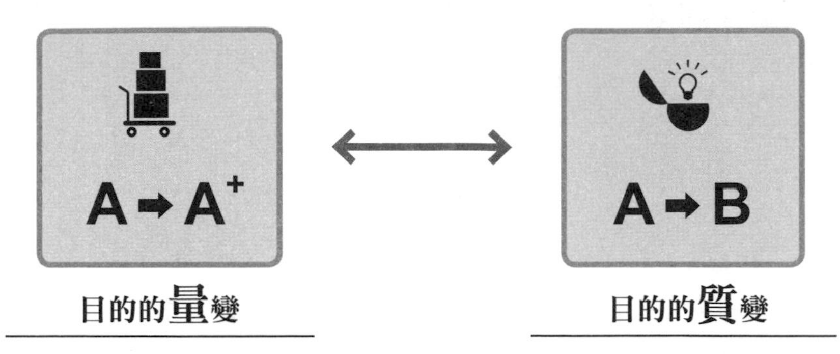

目的的量變

- 更安全安心地生活
- 減少浪費

目的的質變

- 即時與親朋好友聯繫
- 傳達及保留自己的生活紀錄

圖 40　手段變化的種類

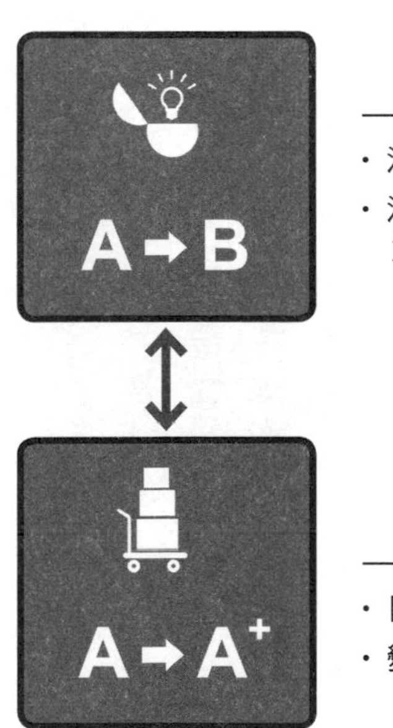

手段的質變

- 汽車駕駛從手動轉為自動
- 汽車的動力來源從引擎轉為馬達

手段的量變

- 降低油耗
- 變更設計

就是說，這次的專案是以「手段」的質變為前提，然後勾勒出新的社會情境，並於其中探索出現質變的「目的」。換句話說，我不是要根據自動駕駛技術或電動汽車去發想新點子，而是以這些技術已經普及，並且促成社會變化的狀況為前提，提出新的目的（圖41）。

在具體步驟上，首先是從企業過去做過的尖端技術調查中，篩選出具備質變特徵，而非量變特徵的「手段」。接下來深入思考種種可能，再從中挑選出未來可能造成使用者「目的」質變的技術。其次，假設該技術已經全面普及，再採取以人為本的思維，思考使用者的使用情境為何？社會呈現何種樣貌？又出現什麼新性質的目的等。

如果以「破壞式創新」來看這個專案

從一開始到提出假設的這一連串過程，如果是以克里斯汀生所說的創新種類與發生機制來檢視，應當如何說明？

克里斯汀生將創新分為延續性創新與破壞式創新。一般來說，為產生延續性創新所做的調查，包括調查競爭對手使用的零件、為提升功能的先進技術調查，以及對既有顧客的行銷調查等。另一方面，為產生破壞式創新會做的調查，是以先進技術調查為主，也就是尋找可取代現有技術與產品的可能性，以及可創造其他新價值的技術。破壞式創新還包括低階型與新市場型兩種。

低階型的特徵是，新產品／服務會先以既有技術／產品／服務的代替品之姿逐漸普及。新市場型則是提出原本使用者須支付專家高額費用才能取得的服務，或是在全新的機會領域中，以新產品／服務為使用者提供新價值，一邊開創市場，一邊使之普及。

許多汽車相關企業都在執行技術調查，但我提出的假設是，這些企業執行調查的前提，只是認為自動駕駛與電動汽車等技術，可帶來延續性創新或低階型破壞式創新。一般而言，日本的汽車製造商通常會將自動駕駛技術視為支援安全駕駛的技術。另一方面，美國的 Google 與特斯拉汽車等企業，則將自動駕駛視為新市場型破壞式創新技術，它可將人自駕駛過程中解放而出，並且創造新的時間與空間。

我們的確是可以將自動駕駛定位為提升安全駕駛功能的技術（延續性創新），將電動汽車技術定位為降低能源成本的技術（低階型破壞式創新）。然而，如果採取以人為本的觀點，想像導入這些技術與產品的社會時，並無法感覺出，當具備前述技術的商品普及時，能產生無法以既有價值衡量的產品或服務。正因如此，我才會主張，應該假設這些備受矚目的先進技術，僅僅是間接催生新市場型破壞式創新的技術，專案應該要重新檢視調查結果，並探索可能的新價值。

專案的目標與主要任務

基於以上考量，我將專案的目標設定為以下三點。這裡所提到的機會領域，請視為現在無消費機會，但有開發出新市場的可能性。

（1）深入洞察技術的質變，勾勒出未來使用汽車時應該會出現的情境，設定機會領域。
（2）在設定的機會領域內，提出未來使用汽車時可能出現的新型態需求。
（3）根據機會領域與假設的需求，思考與未來汽車技術相關，可創造新型態價值的產品／服務／事業。

專案的主要任務如下：

任務1：鎖定今後預期會發生質變的技術。
任務2：勾勒出由於技術質變所出現的新使用情境。
任務3：以未來使用情境為基礎，設定機會領域。
任務4：設定其他領域的類似案例。
任務5：透過調查類似案例探索新目的。
任務6：探索對應新目的的手段，發想新點子。

圖 41　設計專案時的思考框架

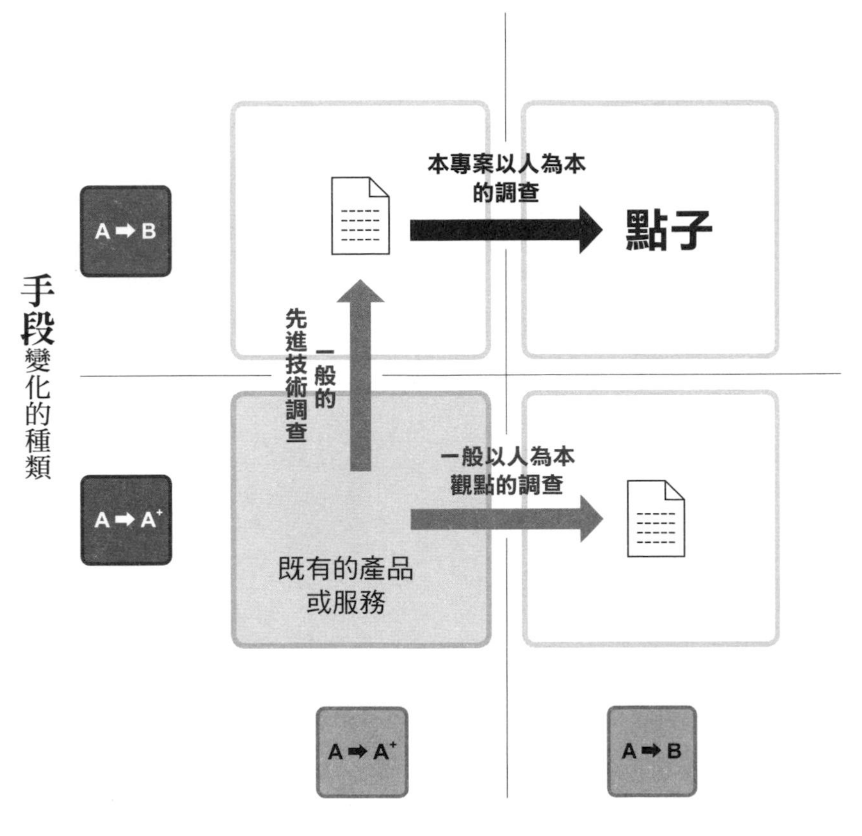

哪些業界可利用這份專案設計？

這個專案的流程，可廣泛應用於特定技術有顯著進化的產業領域，例如：生活記錄技術與物聯網技術進化下的醫療照護領域、人機介面技術與個人認證技術進化下的金融領域、人工智能技術與聲音辨識技術進化下的教育等領域，似乎都很適合採用這種專案流程來發想點子。

不過，設計創新專案，還是應該將專案目標、業界特性、成員特質、時間安排等各種條件納入考量，並發揮創意。請不要因為某個方法正流行就想一試，或覺得只要照書做準沒錯，這種心態本身就缺乏創意。如果以前沒有企畫或管理專案的經驗，一開始多少都會參考書籍與方法，再自行模擬或實驗。這麼做固然無傷大雅，不過，請慢慢在創新專案中加入自己的特色，並在設計出的流程中，實際進入發想點子的思考模式。

在公司內舉辦點子競賽
——SCSK公司的案例

現在，無論任何企業都已經認知到開發創新事業的必要性，然而，卻沒有多少企業具有可持續創造新事業的機制。因此，i.lab 根據向各種業界提供創新顧問服務的經驗，針對組織、機制，以及人才培育等，提供客戶最適切的支援，協助客戶在公司內部能持續創造新事業。至於支援方式，則依據客戶需求各有不同。

例如，我們提供資訊科技服務企業SCSK公司的協助，是支援企業企畫與施行公司內部的點子競賽「I-NO-WAN」。這個競賽自二〇一〇年起開始舉辦，包含集團其他企業在內，全球所有員工都可組隊參加，提出新事業的點子。點子的選拔與精煉流程會持續好幾個月，而被認定具有潛力的點子可獲得預算，以繼續評估事業化的可能性。

單憑公司內部資源也可持續

i.lab 提供支援時希望達成的目的，是待支援結束後，競賽仍可持續運作。在競賽初期招募點子的階段，i.lab 會負責設計並主持發想點子的工作坊。為避免工作坊的運作過於倚賴主持人的能力，我們特別注意讓流程本身即可提升點子的品質。此外，由 i.lab 示範如何主持工作坊後，再由負責主辦及運作這個競賽的SCSK員工接手。如此一來，當 i.lab 的顧問離開後，以高品質運作工作坊的機制還是能在公司內部傳承下去。

在競賽後半部，i.lab 會協助通過選拔的團隊改善點子內容、安排調查對象，好向審查員進行最後簡報。這些點子在發表後，都得到評審高度肯定。評審提到，與尚未接受 i.lab 等外部顧問支援前相比，點子的現實性、具體性都明顯提升。

競賽結束後，i.lab會與SCSK承辦活動的成員一同回顧，落實有關運作工作坊的學習，以確保創造高品質新創事業的組織、機制，以及人才培育，未來可繼續運作。

機制本身就是一種延續性創新

從二〇一〇年起至今，這個在社內公開招募點子的企畫，總計有多達一千人參加，提出約五百七十個點子參賽。其中，有三個提案曾向公司高層進行最後簡報，它們的潛力也獲得認可。之後，這幾個點子也在評估後，確實發展為事業。據說，現在公司還在評估另兩個點子事業化的可能性（二〇一六年六月）。而在已經事業化的三個點子中，我很榮幸曾經參與其中兩個的改進作業。

I-NO-WAN最大的優點，在於這個機制本身不斷在進步，幾乎可稱得上是一種延續性創新。每年活動舉辦後，承辦人員會確實檢討回顧，實行PDCA循環（計畫—執行—查核—行動），希望藉此改善下一次活動。

根據我擔任其他競賽承辦人的經驗來看，這類活動一旦成功建立形式，並獲得一定好評後，承辦者往往會失去改變既有形式所需的耐性與勇氣。但I-NO-WAN的承辦人員採取由下而上的方式集結智慧，甚至把經營層當成一項公司內部的創新資源，安排於設計中，並持續挑戰讓點子成為公司新事業的機會。他們的態度委實令人感佩。我由衷希望，I-NO-WAN選出的事業點子，今後能成為帶給社會巨大影響的創新力量。

今後，除了支援走在時代最前端的創新挑戰外，我也希望支援這類創新管理的機制。開拓前人未達的疆域，除了要獲得創造新事業的實踐知識，更要踏破那一度開闢的縫隙，致力使它成為人人皆可通行的道路。

第6章

設計創新專案產出成果

企業高層的參與及授權
——多數公司都缺乏創新流程

有多少公司認知到創新的必要性，而且也能自信描繪出創新的機制與開發新事業的策略呢？日本經濟產業省於二〇一二年，以包括上市公司等大型企業的負責人為對象，實施有關創新管理的問卷調查。其中，有一道問題是「貴公司採用哪種體制來開發新事業？」回答顯示，「以社長直轄專案的形式推動」占二〇．六%，「由經營層負責推動」占五四．五%，而「由事業部部長級人員負責推動」則占十三．九%。我們應該如何詮釋這個結果？[34]

首先，開創新事業，可說是下一個為公司帶來收益的可能性，能保障公司永續發展。不過，我覺得身為公司最高管理者的社長參與比例實在太低。如果國內市場與所得水準能像過去一樣穩定成長，企業也能在此情況下發展，那麼只須將經營資源集中於現有事業，公司即可成長。大企業就算想挑戰新事業，也只須引進國外的產品或服務，就已經是足以讓企業成長的經營策略。

然而，目前日本國內市場的成長已達飽和，公司晉升大企業後，若還想追求進一步的成長，屆時所面臨的問題，就是如何在原本經營領域中追求全球市場的成長，或者開發不分國內外的全新市場。

放眼全球企業，各個新事業之中，幾乎都有公司最高層的積極參與，事業開發策略也是在全公司的經營策略下進行。而直接負責新事業的人，更可能是企業未來的接班人。儘管如此，根據前述調查結果，日本企業在發展新事業時，企業最高層參與的比例卻僅有兩成左右，而社長加上經營層參與的比例，合計則超過七五％，這個比例究竟是高或低，也許還需要更進一步的討論。

此外，前述調查中還有一個問題問到，社長授予負責開發新事業的人才哪種權限？結果顯示，「可向社長提案」占了七八．五％，「交辦專案與業務（人員分配與調度）的權限」及「尋求外部資源一起合作的權限」加起來則不到五十％。依我來看，這表示多數社長的心態是「總之先提出點子來看看吧」。[35]

接下來，我再介紹另一項創新管理的調查結果。這項調查是二〇一六年，同樣由日本經濟產業省委託德勤顧問公司進行，調查對象是時價總額五十億日圓以上的企業。這項調查是根據七項要素，分析企業為了創新所進行的活動（圖42）。我將各項要素的表現高於平均值的企業占比整理為圖43。

結果顯示，形成創新這個動態結構核心的③創新流程，以及與管理指標的整備與管理相關的④專案進程與關卡的管理、⑤外部合作，在七項要素的排名中敬陪末座。如圖42所示，從廣義而言，④專案進程與關卡的管理與⑤外部合作，都包含在③創新流程中。這表示，在創新管理的活動中，創新流程的設計與管理，可說是處於最落後的情況。[36]

光看量化數據可能缺乏真實感，所以我根據調查結果，質性地「推測」出下列情形：

- 儘管幾乎所有公司社長都宣稱「創新非常重要」，但他們幾乎都不參與，而是交由其他管理高層處理。
- 管理高層雖然有「權限」將點子上呈社長，卻沒有推動專案所需的充分權限。
- 管理高層雖然身負責任，卻不具權限，無可奈何下只能依樣畫葫蘆，交代部屬「創新十分重要，如果有好點子請提出」，或在自己的權限範疇內稍作嘗試。
- 結果，所有人只對提出點子的「權限」有共識，並只能持續等待第一線員工產生好點子，而遲遲無法建立組織的創新機制。

如果這只是我個人的想像也就罷了，但根據我的經驗，很多高層幹部、管理人員，以至於一般員工，確實都處於這種窘境。經營高層如果要將開創新事業的任務交給管理層，理當授與

圖 42　評量創新管理活動的標準

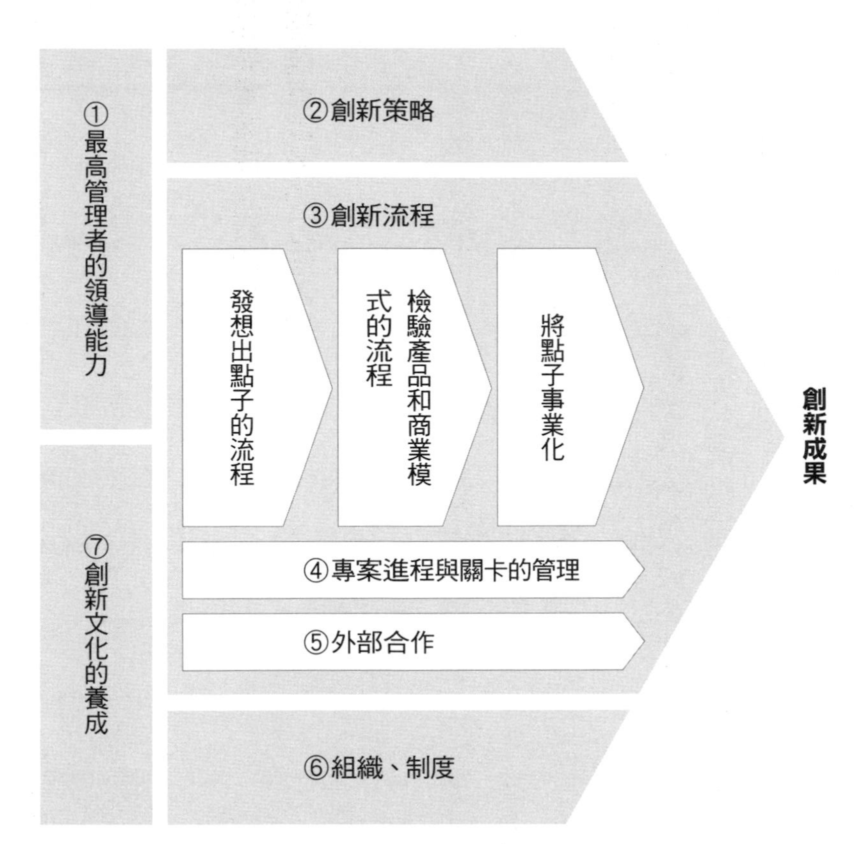

根據德勤顧問公司「創新管理實態調查 2016」[36] 製成

他們權限與資源，好成立專案、調度人員，以及與公司外部資源共同合作，而非只給他們提報點子的權限。

是否應該為新事業成立新組織？——與管理既有事業的方法不同

無需贅言，企業如果要追求持續成長，不只要重視既有事業，也必須開創新事業。正因為有專注於既有事業的員工，企業才能產生收益，也才能挑戰有望成為下一個金雞母的新事業。另一方面，也正因為有員工挑戰開發新事業這類高風險的業務，才能確保公司持續發展的可能性。既有事業與新事業是相輔相成。

然而，管理既有事業與管理新事業的開發，性質截然不同，但企業並沒有充分認識這一點，這也是前述資源分配不足的主因。很多企業誤以為要嘗試開發新事業，可在既有事業的業務範圍內施行，或在公司資源已調整為最適合既有事業的狀況下就能進行。

不過，也有不少專家主張，管理現有事業與管理新事業的開發，方式完全不同，不如另闢

圖 43　企業在創新管理各個要素上的表現

排名	要素	表現高於平均值的企業占比
1	⑦ 創新文化的養成	63%
2	① 最高管理者的領導能力	54%
3	② 創新策略	43%
4	⑥ 組織、制度	38%
5	⑤ 外部合作 （③ 創新流程內的細項）	34%
6	③ 創新流程	34%
7	④ 專案進程與關卡的管理 （③ 創新流程內的細項）	30%

根據德勤顧問公司「創新管理實態調查 2016」[36] 製成

組織，或分別管理比較恰當。就連克里斯汀生都曾在書中提到，新事業與既有事業最好分開管理。他主張另外成立組織發展新事業，然後從規模較小的專案開始，在一定期間透過特定指標評量成果，並決定是否繼續或放棄，如此反覆進行。他也主張，這類小專案不該只有一個，而應該有幾個專案同時進行。

在日本企業中，索尼公司的新事業開發專案「SAP」，實際上就很接近這種型態。它是從既有的事業部門中切割出來，並由平井社長直接管轄。[37]另外像三井不動產，也在二〇一五年成立直接由社長管轄的開發新事業組織。[38]

我常聽一些主管說，儘管公司為創新成立新組織，並匯聚優秀員工，但組織事實上卻僵滯不前。具體來說，這些組織面臨的情況包括：「雖然想從調查著手，卻不知該調查什麼好」、「儘管設定出新事業的數字目標，卻不清楚是否恰當，也不知道怎麼找出能達成目標的事業領域」。如果是公司既有的事業，不管員工調到哪個部門，即使該部門有其專門知識或內部默契，但因為有長年累積的業務流程，員工只要適應後就能得心應手。

可是創新的業務不然，因為流程還沒有設計好，甚至不存在，所以常出現部門主管及調派來的員工不知何去何從的情形。身處其中的員工雖然注意到這個問題，卻因未能釐清狀況並向經營層報告，所以公司不會認為這是經營上的問題。

員工的動機是重要因素
──從創新專案開始

創新除了需要與技術跟心態有關的行動外，動機也相當重要。如果光是先成立組織，卻無法讓參與者產生充分動機，就很難期待有好結果。為避免類似狀況，我認為可以先成立一個專案，讓參與專案的員工在過程中產生動機，也在整個公司內部醞釀出協助專案的氣氛，之後，再正式成立組織。

索尼公司與三井不動產成立的創新組織，雖然有高層參與，卻不是在高層主導下說成立就成立。據說，目前領導該部門的創新人才意識到問題所在，並具有強烈動機，才是促成組織成立的契機。[39][40]

先成立專案的優點，不只是參與者和組織比較具有創新的動力而已。

在前述日本經濟產業省的委託調查當中，以七大要素評估企業的創新管理後發現，整體而言，與「創新流程」相關的要素表現較差。如果流程還未設計好就成立新的事業部門，會導致員工不清楚該以什麼目的從事何種業務，反而很快失去衝勁，整個組織也會缺乏開發新事業的動力。

基於以上理由，我並不贊成企業在還未設計好開發新事業的流程下，另外成立其他組織，哪怕是直屬社長或有其他高層幹部參與的組織也一樣。我認為，一開始應該先成立創新專案，並由社長或經營高層與適當資源一同投入（圖44）。

之後，再以專案的成績與經驗為基礎，慢慢建構出組織體制。透過專案，在公司內部聚集動機、心態，以及技能均有適當水準的人才，一開始，請他們同時兼著做原本的工作。待這些跨部門員工之間形成社群，產生團體的動力後，再以正式部門之姿真正啟動也不遲。

同時，公司高層也不能忘記回應員工的付出。一邊做原本工作一邊參與創新專案，負擔非常沉重。公司如果透過專案找到創新人才，就必須在適當時機，讓他們全力開發新事業即可。

流程、體制，以及人才——「超級巨星」會自己出現嗎？

回顧歷史，靠著推出全新概念的產品、服務或商業模式，並因而壯大的日本企業屈指可數。多數日本企業經營者，對生產從零到一的概念都相當陌生，亦即缺乏開發事業的經驗。

圖 44　類似的流程結構

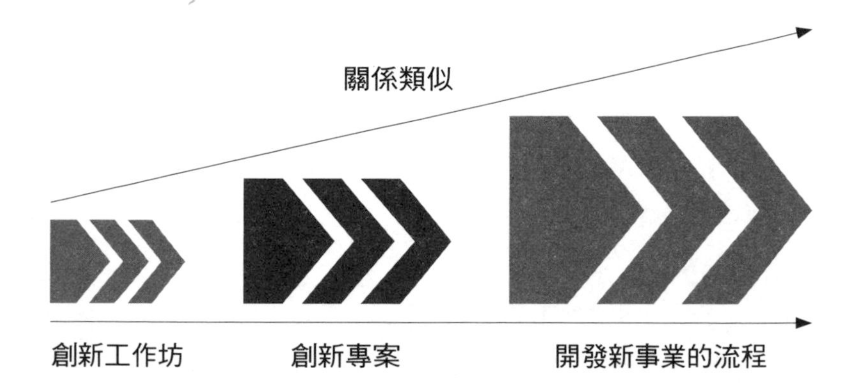

另一方面，不知是好是壞，許多本身有事業開發經驗的經營者，往往受到自身開疆闢土的成功經驗囿限，而採取期待超級巨星出現的管理手法，也就是試圖尋找和自己一樣，擁有卓越才幹與能力的青年才俊，並將所有資源挹注於那個人身上。

我曾和某位任職顧問公司的資深顧問詳談。他有數十年資歷，主要負責創新管理。他對創新的觀點，就是期待超級巨星的出現。簡單來說，有這種想法的人認為，創新人才無法經由後天培養，也沒有所謂產生創新的流程，所以必須盡全力從凡人中發掘超級巨星，並打造讓他們表現的環境。

這類巨星人才過去或許都深藏於大企業中，現在則可能存在於整個社會。然而，這類人才現在繼續待在大企業的比例，恐怕將年年降低。因為現在在日本，以個人型態創業，並透過創投資本家、天使投資家，甚至是群眾募資方式籌措資金的機制已逐漸成形。而且，近年來創業有成的公司，除了上市外，把事業轉售給國內外大企業的「退場策略」也漸形普及，類似案例在日本愈來愈多。因此，如果有想嘗試的點子與熱誠，不必像過去一樣非待在企業不可。

現在的經營層與前述的資深顧問當年還在第一線工作時，超級巨星型的人才在公司內確實有許多被託付事業的機會，巨星候選人也在等待自己登場的機會來臨。不過，時代已經改變，創新已經可確實管理，想創新，不如洞悉最佳方法，並立即付諸實踐。

設計創新流程的祕訣
——請享受創造性的設計作業

如前所述，在企業管理創新的調查中，流程的導入是表現最差的一項。我認為，這是由於企業沒有認識到導入流程的重要性，或者就算意識到，要設計出適合公司的創新流程也十分困難。正因如此，才會有學生和社會人士來 i.school 學習設計創新流程，才會有客戶委託 i.lab 擔任顧問。

那麼，i.lab 是如何設計流程？如何因應不同客戶的需求？以下，我想分享我設計創新流程的祕訣。

首先，要必須充分享受這充滿創造性的過程。這或許不容易，但創造本質上就是人類擅長的活動，能帶來知性的刺激。我個人則是將專案企畫當成一件作品，總是以創作獨一無二作品的方式仔細製作。

準備開始享受創造性的過程後，接下來開始製作流程的「設計圖」。規模較大的設計，自是適用於開發新事業部門的業務流程。不過，我建議可以將它用在較小的創新專案上，以做為大型設計的「小型原型」。專案規模小，組織就能很快獲得回饋，以改善流程，使其符合公司所需。只要運作過幾次專案或同時並行幾個專案，就能慢慢找出符合公司特性的流程。接下來在成立專門開發新事業的部門時，就能運用之前的專案設計，只要將它擴大，就可做為固定的業務流程。

小型創新專案的設計也一樣，可以透過反覆設計與運作「更小的原型」來改善品質。這個「更小的原型」就是工作坊，如同東京大學 i.school 的教育課程，讓學員花幾天或幾小時，針對創造性的課題發想。這個工作坊不一定要以教育為目的，也可以是實踐型的迷你專案，成員可花費半天執行諸如調查、發想、篩選點子，到付諸實踐等過程。設計並管理長達半年的創新專案相當困難，因此，為期半天的工作坊最適合做為一開始的挑戰。接下來再從工作坊去擴展流程設計，逐步應用於大型的創新專案。

簡言之，開發新事業部門的業務流程，與創新專案的流程結構相同，也和創新工作坊的流程結構一樣。因此，如果最終目標是要設計開發新事業部門的業務流程，可先從工作坊的設計與運作著手（圖44）。

設計工作坊時，應該參考哪些資訊？在第三章的圖14，已經介紹過描繪流程設計圖時最宏觀的思考框架，其中包括技術、市場、社會、人等面向。設計時，可一邊看圖，一邊思考該以什麼順序和目的進行調查，以及如何組合等。

在第三、四、五章的案例中，已分別說明過可做為這張「設計圖」要素的方法及流程，坊間介紹個別發想方法的書籍，當然也很有幫助。不過，請避免套用已經完成的流程，而是嘗試分解既有的方法及流程，將其視為構成要素之一，並且填入自己創造的設計圖中運用。

適合實現創新流程的體制
——創新專案的管理指標

在思考如何管理創新專案時，可以從流程、組織體制，以及人才的角度切入。首先，我想從組織體制來比較既有事業與創新專案的不同。這些觀點不只適用於專案，也可以活用於日後成為固定組織或業務的創新活動中。

如圖45左方所示，既有事業的組織體制呈金字塔形結構，組織成員從上而下分別在①經營層、②管理層、③一般員工層工作。組織目標明確，幾乎都採用業績、獲利等一般經營指標來表現。這些指標主要是以數字呈現，有時候也會以文字陳述。

在一般企業裡，由於有設定好的管理指標，管理階層能掌握各部門達成目標的狀況與可能發生的問題，解決問題的指令也比較能切中要點。這是因為管理階層過去有從事相同業務內容與流程的經驗，再者，業務內容與流程本身，就像繞行同一軌道的人工衛星一樣具有循環性。因此，管理階層發現問題時，比較可能是提供建議，逐步修正「衛星軌道」，而非做出造成重大改變的決議。而且，員工跟上司或前輩請教時，這些經驗人士馬上就能傳授立即派上用場的知識與體驗。只要反覆重現成功體驗，組織整體就能持續描繪完美的衛星軌道。

然而，以這種組織體制與管理心態，設計跟開發事業相關的專案或業務，很難產出成果。創新專案等開發新事業的業務，應設為前提的組織體制與管理上的認知，應該是如圖45右側所示。相較於既有事業，兩者的結構有何不同？首先，開發新事業的業務在企業的組織架構中，是形成方向朝右的結構，專案領導人則位於最前端。在這個結構中執行的業務內容與流程，有別於既有事業的循環軌道，而是單向前進。管理階層必須理解這一點，調整認知。

同時，對目標的認知也必須調整。既有事業的業務已經設定營收與獲利等清楚易懂的經營指標，只要再細分，即可做為各部門的年度目標，若再進一步細分，還能具體訂出個人目標，管理者即可根據這些目標管理業務。

開發新事業時，如果設定的目標是「開發出十年後創造五百億收益的事業」，雖然也有意義，但做為目標的數字不管如何細分，都無法做為指標用來管理發想新事業的專案或各個環節的設計。

以文字呈現開發新事業的目標雖然理所當然，不過一旦習慣既有事業的做法，往往會不假思索地接受數字化的目標。也因此，很多開發新事業的組織雖然明確訂出數字目標，卻未設定用於管理專案的目標，只能持續瞎忙苦尋好點子。

創新專案中可實際使用的管理指標，應該是為了達成數字目標而提出的指標，包括「最後發想出的點子數量」、「與專案相關的人員及部門數量」、「設定的機會領域數量」、「機會市場規模與計算邏輯」、「機會市場規模內可期待的市場規模」、「訪談次數」、「產品與技術的分析次數」、「使用者有意購買的比率」，以及「任務實施期間」等。

「任務實施期間」這個指標乍看之下雖然令人不解，但因開發新事業的業務並不是循環的過程，加上成果的品質有本質上的不確定性，操作上透過「任務實施期間」來管理的情形屢見不鮮。也就是實施特定任務一段期間後，即採用當下最佳的分析結果與點子，然後再進入下一個階段的任務。

開發新事業適用的體制

如圖45左方所示，既有事業的體制通常分為①經營層、②管理層、③一般員工層，並以這個縱向金字塔的結構來思考管理方式。反之，圖45右方的開發新事業的體制則呈橫向結構，由位於前端的專案①核心成員，位於正中央的②支援成員，以及位於末端，並未直接涉及專案的③一般幹部及員工組成。

核心成員是由專案領導人帶頭，加上職位在他之上的經理人，以及領導人的部屬等幾位成員組成。核心成員數量過多，會削弱其機動性，因此一般來說以三至七人較為恰當。

其次，將其他可提供協助的幹部及職員設定為「支援成員」。他們的任務包括尋找訪談對象和提供評論等，也就是與專案稍微相關的成員，規模約在二十至五十人左右。支援成員不只在專案過程中提供不可或缺的專業知識與人脈，在後續將點子事業化的階段中或許也能提供幫助，所以如果一開始就在體制中將他們定位為專案夥伴，有助於提升專案的成功機率。

此外，支援成員還能在核心成員和一般幹部職員之間，發揮居中協調的角色。核心成員總是衝在前頭，容易遭到孤立，一般幹部職員則是不清楚專案在做什麼事，介於他們之間的支援成員，則可以做為橋梁，以讓整個組織感受到，專案核心成員正在進行的事，對保障組織的永續發展不可或缺。

圖 45　既有事業與開發新事業的體制之別

既有事業	開發新事業
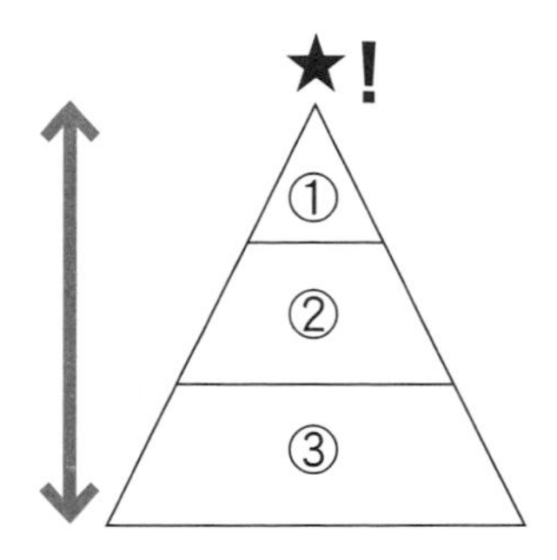	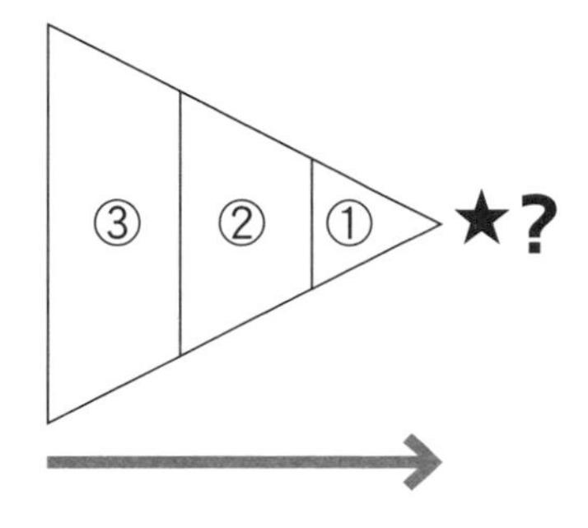
・細分後的目標可做為管理指標 ・業務內容與流程具有循環性，便於由上而下管理及評量 ・結構由上而下為 ①經營層、②管理層、③一般員工	・細分後的目標無法做為管理指標 ・行動的方向為單向性，難以從上或由後方掌握與評量 ・結構從右到左為 ①核心成員、②支援成員，以及從事既有業務的③一般幹部職員

創新人才的特性
——專案經理人、領導人，以及成員

接下來，我想從人才的觀點討論創新專案的管理。在第二章，我藉由介紹 i.school、日本經濟產業省的調查結果，以及 i.lab 的案例，說明創新人才的要素，並特別著墨於技能層面。有意成為創新人才的讀者，是否已經據此設定個人的職涯目標？而身為經營層的讀者，對於如何培育人才應該也更有概念。

進一步來看創新專案的人才。負責組織專案的經營層，是否能實際運用前述內容，選擇與組成專案成員？另一方面，有幸或有意成為專案成員的讀者，就算理解第二章的內容，但若能力沒有提升，也無法運用於實踐上。因此，以下我想聚焦於專案人才的「行動特性」，這對準專案成員來說，應該比較有立即的幫助。專案中的三種主要角色：經理人、領導人以及成員，其行動特性各有不同，即使你現在缺乏這些特質，也可在專案中模仿學習。

關於專案成員的行動特性，除了第五章介紹的案例外，我也會介紹從其他案例所獲得的見解，包括 i.lab 其他專案，以及曾到 i.school 演說的索尼、三井不動產、富士軟片等大企業的做法。所有能產出高品質成果，並帶來活化組織，以及培育人才等效益的創新專案中，其專案經理人、領導人、成員的行動特性都有共通點。尤其是領導人，儘管各個企業的事業領域有別，領導人的專業也不同，過去的職務經驗也各異，但他們的行動特性卻十分相似。

專案經理人的行動特性

專案經理人的任務是指示專案目標的方向、適時確認進度，以及確保成果品質，多半是由經營層、部長、課長等主管擔任這個職務。

優秀的專案經理人很清楚，創新點子本質上很難評價，因此他們會盡可能傾聽、詢問，並提供具建設性的回饋。

濱口秀司（monogoto CEO）是全球最具權威性的設計大獎之一紅點設計大獎（Red Dot Design Award）的評審委員，同時也是相當活躍的商業設計師。他曾舉出創新點子的三大條件[22]：

- **具備新穎性**
- **具備實現的可能性**
- **能引發討論**

「能引發討論」，表示點子可能得到兩極化的評價，比方有人覺得「真是太棒了」，但也有人認為「這絕對不行」。反之，一面倒獲得好評的點子，反而可能沒達到足以稱為創新的水準。而絕大多數人認為馬馬虎虎的點子，無論再怎麼努力，最後，在使用者看來也一樣是馬馬虎虎而已。

專案中，主要是由領導人站在作戰部隊的前方推動專案，經理人則定期聽取進度報告，當然也必須提供有關點子的諮詢、評量，與建議。在專案尚未完成，手邊資訊又比領導人少的情況下，經理人其實很難評量點子的好壞。而且有潛力的創新點子，其實更難評量。

因此，專案經理人的職責不是斷言點子的好壞，而是從各式各樣觀點發問，協助領導人與成員自己注意到點子的優缺點。

如果專案經理人一口否定點子的價值，而無法接受結果的領導人與成員，另向公司內外部的專家請益，結果反而贏得極佳好評，那麼，團隊恐怕會開始不信任經理人評量點子的能力，今後對他提出的回饋，也會比較無法接受。因此，專案經理人即使要批評點子，也應特別留意，最好是提出本質上有建設性的意見。

而在行動上，一位優秀的專案經理人，不僅會在後方支援全力往前奔跑的領導人，還會發揮連結後方員工與上層幹部的功能。由於專案領導人一方面拚命維持專案的氣勢，一方面又在不確定中前進，有時難免覺得與負責既有事業的員工溝通困難，甚至容易產生負面情緒，認為他們腦筋古板。

此時，既是人生前輩，又是上司的專案經理人，就能發揮莫大的功能。他可以提點專案領導人，正因為有其他員工致力於既有事業，專案成員才能安心冒險開創新事業。再者，也要扮演雙方之間的橋梁，讓彼此知道，公司是同時透過既有事業與開發新事業，才得以保障延續的可能性。

專案領導人的行動特性

能產出具體成果的領導人，通常擅於傾聽。尤其是創新專案的領導人，雖然往往給人個性鮮明、我行我素的印象，但我曾共事過，且有具體成績的領導人卻不全然如此，而是積極傾聽意見，並尋求他人建議。他們對於獲得的意見不會照單全收，而是加以分析理解。他們很了解自己的知識體系，也有意識地體認到，自己的知識體系如何因得到的意見產生變化。

他們之所以習慣傾聽，是因為在創新專案進行的過程中，眾人對點子的評量往往意見分歧，就算請教前輩與上司意見，也常面臨無法分辨何者為是、何者為非的情況。若照單全收採取行動，會導致整體專案無法整合，只是讓領導人自己更辛苦。

因此，他們對得到的意見會有所取捨。不過，這不代表忽視建議，而是基於個人的知識體系與經驗，仔細審視，並體會其意涵。取捨時，他們也不會執著於自己當下的意見或個人既有想法。反過來說，也有可能正是因為他們本來的思考習慣就是如此，才不會盲目接受新知識和體驗，而是與自己的知識體系做比較，掌握其結構。

專案領導人對自己位於專案最前端感到自豪，並在無路可進的狀況下開闢新途。雖然他們會拆解分析得到的意見，但另一方面，他們思考時也不只是注重邏輯，而是同樣重視包括直覺、同理等感性思考。創新專案的成員需要非常頻繁的討論，我在參與中發現，專案領導人雖然也會深思熟慮，但基本上都是以快速運轉的形式持續思考，並且經常讓個人的思考升級。

因此，從表面來看，他們的發言內容往往會不斷改變，比如經過一星期思考後，說出的內容與上週完全不同。不過，儘管表面上的發言或意見出現變化，但本質上朝著專案目標前進的方向未曾改變，所以我才想以「升級」來形容。

專案領導人很清楚，創新專案有別於呈現循環性的既有事業，是一種具有方向性的活動。為了維持個人以及組織的氣勢，他們總是非常努力，鼓舞自己與身邊的人往前邁進。

專案成員的行動特性

專案成員在專案中人數最多。一般而言，他們的經驗比專案經理人與領導人不足，也比較年輕。

他們的行動特性十分單純。首先，最重要的是，要採取能讓自己獲選為成員的行動。公司決定誰來擔任專案經理人與領導人，大多是考量他們至今為止的表現與當時的情形後，根據某種必然性所採取的配置。

另一方面，專案成員則是在決定專案經理人與領導人後，考量專案目標、專案內容、運作情形等，從眾多選項中抱著不確定性篩選而出。期待從事創新工作的年輕候補成員，必須明辨這個專案組成的時機，並向專案經理人與領導人展現自己的強烈動機，以及所具備的技能和水準，以爭取成為成員的機會。根據我的經驗，專案成員除了必須具備應有的技能與水準外，動機正是最獲重視的要素。

順利以成員身分「潛入」專案團隊後，無論面臨什麼情況，都應該以模擬領導人的角度參與。假想自己是領導人，這時應該思考什麼、採取何種行動、應該怎麼說等。平常也應該不斷思考，跑在專案前方的領導人，此刻究竟在思考些什麼？會採取什麼行動？

能成為創新專案領導人者，一般而言都是公司的菁英。因此，觀察他的思維，預先判讀他的行動，很有幫助。正因為創新專案不是具有循環性的縱形金字塔結構，而是方向朝右且暫時性的專案，因此成員不但要確實完成被指派的任務，也不能僅停留在模仿領導人的階段，還應該比跑在前方的領導人更超前一步思考。如果能持續這麼做，之後就有可能在其他專案中擔任領導人。

愉快認真地前進

不論對專案經理人、領導人，或是成員來說，愉快且認真地推動專案非常重要。

不能只是愉快而已，還非得認真不可。

過程中，有時可能會覺得很難維持專案最初的氣勢或專注力。當自信滿滿的點子被批評得一無是處，也可能讓人感覺走投無路。有時會發現自己束手無策，且因前所未有的挫敗感而備感焦慮。這些都是因為各位正在穿越一條創新之徑，踏進前人未及的領域；正因為各位從事的是一場美好的冒險，才會遇上種種考驗。

這時如果只是認真繼續下去，則必然挫敗，不如好好享受與夥伴一起冒險的歡愉吧。盡情品味能於此刻挑戰創造活動的幸運。

然後，從翌日開始，再繼續愉快認真地邁向創新之路，挑戰創造前所未見、前所未聞的創新！

結語

「創新」是我的專業領域，也是我的興趣，這是因為我選擇將興趣做為工作。曾有人告訴我，最好別把最主要的興趣當成工作。不過，我個人最主要也是唯一的興趣——創新，正是我的工作。也因如此，我才能愉快地生活與工作至今；創造新事物的工作，實在令人雀躍不已。

常聽人說，「危機感促成大企業的行動」。從過去的案例來看，我認為此言不假。但另一方面，工作占人生很大部分，如果企業裡的人是出於危機感，才提升自己與他人對工作的投入程度，難免令人有些遺憾。假如大企業是因為創造新事物的樂趣與興奮而行動，不是基於危機感，該有多好！

我希望經營層、管理階級，以及一般員工能融為一體，不以縱向的上下體制工作，而是以朝右前進的體制挑戰創造新事物，並從中感受到創造新事物的雀躍感，進而擴散至整個組織。我深深期盼這種未來的工作方式、大企業的變化方式，以及社會整體的存在方式到來。

我由衷希望，興奮愉快地從事創造性工作，能成為推動創新專案的契機。

對於不論是工作、興趣，還是生活，腦海中總是裝滿「創新」的我而言，在執筆此書的過程中，要感謝的人、組織，與環境等不計其數。

其中，我特別想向在 i.school 與 i.lab 共事的同事表達謝意。i.school 的行政總監堀井秀之教授，除了與本書相關的內容外，他的發想能力、行動力，以及個性，每天都帶給我許多正面的知性刺激與興奮。而與 i.school 的共同創辦人，同時也是現任執行研究員的田村大先生的邂逅，則是我至今為止的體驗、知識，以及各式各樣的事情開始連結，並且出現嶄新開端的瞬間。還有 i.lab 的新隼人、村越淳，從 i.lab 創業開始，他們對本書介紹方法的整理與建構的貢獻，已經到了幾乎可說是共同作者的程度。i.lab 的寺田知彥與入江晉太郎，協助本書內容的精緻化與參考文獻整理直至最後。另外還有日經設計編輯部的大山繁樹先生，從本書的發想階段到最後的一字一句，他都親自陪我斟酌。要感謝的人不勝枚舉，謹向各位誠摯地獻上感謝。

東京大學 i.school 總監／i.lab 公司執行董事　**橫田幸信**

參考資料

第 1 章

1 IBM 公司研發出的人工智慧系統「華生」（Wastson），於二〇一一年二月十六日，在美國知名的益智節目「危險邊緣」（Jeopardy ！）中奪下最高獎金。參考網址：http://www.ibm.com/smarterplanet/jp/ja/ibmwatson/quiz

2 Frey, Carl Benedikt, and Michael A. Osborne. "The future of employment: how susceptible are jobs to computerisation." Retrieved September 7 (2013):2013.

3 二〇一五年十二月二日，野村總合研究所根據與麥克．奧茲彭的合作研究，推算並發表日本國內六〇一種職業今後被人工智慧與機器人取代的機率。推算結果發現，在未來十到二十年後，日本四十九％勞動人口的職業可能被取代。參考網址：https://www.nri.com/jp/news/2015/151202_1.aspx

4 二〇一三年八月，作者於 TED × Todai（現在更名為 TED × UTokyo）中，以「創新流程的組成」（Composing innovation process）為題發表演說。參考網站：https://www.youtube.com/watch?v=Xj5B5Ei7s_s

5 設計力創新一詞出自羅伯托．維甘提（Robert Verganti）的同名著作。

6 相田克太、篠田彥雄、高須禮司、原島三郎（1975）《発明．発見のひみつ》，學術研究社。

7 日本經濟產業省（2016）《2016 年版ものづくり白書（ものづくり基盤技術振興基本法第 8 条に基づく年次報告）》, http://www.meti.go.jp/report/whitepaper/mono/2016/（2016-6-24）。

8 在索尼公司 SAP 計畫中，為催生出創造超越現有業務框架的新點子，採取的做法包括邀請平日沒有接會接觸的公司內外部人才一起談論未來，自由開放地發想。為了提供機會，尋找一起打造原型的夥伴，他們不拘泥於單一企業，而是邀請各種立場的利害關係人，透過創造性的對話，創造通往未來的「嶄新關聯性」與「新點子」，並舉辦讓參與活動者可以一起合作行動的「未來會議工作坊」。參考網址：http://www.sony.co.jp/SonyInfo/diversity/activity/05_02.html

9 Qrio 是由索尼和創投公司 WiL 一起成立的初創企業推出的智慧鎖商品。官方網站：http://qrioinc.com

10 二〇一二年十月十六日，Business Journal 發表的文章指出，iPhone 的內裝有超過五十％為日本製零件。參考網站：http://biz-journal.jp/2012/10/post_857.html

第 2 章

11 二〇〇九年，東京大學知識結構中心成立教育計畫「東京大學 i.school」。官方網站：http://ischool.or.jp

12 東京大學 i.school（2010）《東大式　世界を変えるイノベーションのつくりかた》，早川書房。

13 東京大學 i.school 與經營網路直播學習網站「School WEB-campus」的 SCHOO 股份有限公司合作，於二〇一四年四月開始提供免費收看的節目。參考網站：https://schoo.jp/campaign/2014/tokyo_univ

14 野村總合研究所（2013）《イノベーションを創造する「人材」像および「組織」像、知的資産創造（2013 年 1 月号）》。https://www.nri.com/jp/opinion/chitekishisan/2013/pdf/cs20130103.pdf（2016-6-24）.

第 3 章

15 AQUA 股份有限公司（原海爾集團）推出不使用水，而是使用空氣（臭氧）洗滌衣物的特殊功能型洗衣機／衣物空氣清洗器「Racooon」。參考網站：http://aqua-has.com/laundry/product/aqw01/SR1/

16 二〇一六年，三詩達口腔照護公司推出數位裝置「G.U.M PLAY」，裝置有可辨識牙刷動作的配件，且可連接智慧型手機，提升刷牙過程的樂趣。官方網站：https://www.gumplay.jp

17 日本総合研究所　未来デザイン・ラボ（2016）《新たな事業機会を見つける「未来洞察」の教科書》，KADOKAWA。

18 鷲田祐一（2016）《KDDI 総研叢書：未来洞察のための思考法―シナリオによる問題解決》，勁草書房。

19 三菱総合研究所（2016）「【三菱総研セミナー】社会シフト × デザイン＝新しいかたちの新事業開発」，http://www.mri.co.jp/news/seminar/ippan/021540.html（2016-6-24）.

20 二〇一二年四月，濱口秀司在 TED × Portland 以「破除偏見（Break the bias）」為題發表演說。參考網址：https://www.youtube.com/watch?v=6g2pMOYmyoQ

21 富士軟片於二〇一四年設立的「Open Innovation Hub」，是一個「共創未來」的據點，希望透過與其他領域的想法融合，接觸新的社會議題，並從技術的角度導引出新價值與構想，與技術產生化學反應。官方網站：http://www.fujifilm.co.jp/rd/oih/

第 4 章

22 濱口秀司對形成創新點子要素的想法，刊載於座談會報告中。參考網址：http://bizzine.jp/article/detail/18

23 山口周（2013）《世界で最もイノベーティブな組織の作り方》，光文社。

24 艾瑞克・萊斯（2012）《精實創業：用小實驗玩出大事業》。

25 厄許・懋里亞（2012）《精實執行：精實創業第二版》。

26 馬克・史迪克東（2013）《這就是服務設計思考！》。

27 亞歷克斯・奧斯瓦爾德、伊夫・比紐赫（2012）《獲利世代》。

28 二〇一六年四月，特斯拉公司發表最新的 Model 3，發表後僅一週就有三十二萬五千輛的預約訂單，一個月超過四十萬張，成為汽車業界的創舉。參考網頁：http://blog.btrax.com/jp/2016/05/25/model-3/

29 索尼公司的「Life Space UX」是活用空間本身，帶給使用者全新體驗的新概念商品群。官方網站：http://www.sony.jp/life-space-ux/

30 一九九一年，Park 24 股份有限公司（當時為西川商會股份有限公司）推出第一間二十四小時無人管理的計時收費停車場「Times 上野」。對當時僅有月租式停車場與店舖停車場的業界來說，依據停車時間支付費用的做法，乃是前所未見的創舉。參考網頁：http://times-info.net/info/charge.html

第 5 章

31 日経デザイン編集部（2015）「三菱重工業グループ、生活者視点で新しい水処理インフラ事業を考案」，< http://business.nikkeibp.co.jp/article/report/20150106/275857/?P=2 >（2016-6-24）

32 日立製作所「25のきざし」，<http://www.hitachi.co.jp/rd/portal/highlight/vision design/kizashi/25future/ >,

33 日立製作所 齊藤裕（2011）「日立が考えるスマートな次世代都市」，< http://expo.nikkeibp.co.jp/scw/2011/conference/pdf/k5-7.pdf >,（2016-6-24）

第 6 章

34 日本經濟產業省（2012）「フロンティア人材研究会報告書」，< http://www.meti.go.jp/policy/economy/jinzai/frontier-jinzai/chosa/innovation23.pdf >, p.69 ,（2016-6-24）

35 日本經濟產業省（2012）「フロンティア人材研究会報告書」，< http://www.meti.go.jp/policy/economy/jinzai/frontier-jinzai/chosa/innovation23.pdf >, p.67,（2016-6-24）

36 デロイトトーマツコンサルティング合同会社（2016）「イノベーションマネジメント実態調査 2016：『イノベーションを組織に根付かせる経営力』に関する我が国企業の現在地」，< http://www2.deloitte.com/content/dam/Deloitte/jp/Documents/strategy/cbs/jp-cbs-innovation-strategy-250216.pdf >（2016-6-24）.

37 在二〇一五年七月一日的東洋經濟 ONLINE 報導中提到，索尼公司將加速創造新事業的策略。實行內容包括：設置專用網站、於事業化初期階段公開點子、檢證市場需求與測試行銷，以及透過電子商務實際銷售商品。參考網頁：http://toyokeizai.net/articles/-/75386

38 三井不動產（2016）「組織圖」，< http:// www.mitsuifudosan.co.jp/corporate/about_us/organization/?id=global >（2016-6-24）.

39 二〇一五年十月三十日舉行的第七屆 innotalk（創新議論），邀請索尼公司的小田島伸至、田中章愛擔任與談人，介紹有關索尼創造新事業的專案「Seed Acceleration Program，SAP」。

40 二〇一五年十月二日舉行的第六屆 innotalk（創新議論），邀請三井不動產創投共創事業部的光村圭一郎擔任與談人，介紹三井不動產／地產業界商業環境的變化、他於二〇一四年成立的共同工作空間「Clip 日本橋」，以及其他與創新相關的日常活動。

工作生活 BWL068

最強創意思考課

從藍海策略到破壞式創新，凌駕 AI 的創新思維

INNOVATION PATH イノベーションパス

作者 — 橫田幸信
譯者 — 龐惠潔

事業群發行人／CEO／總編輯 — 王力行
副總編輯 — 周思芸
副主編 — 陳怡琳
責任編輯 — 李靜宜（特約）
封面設計 — 陳文德
內頁設計 — 連紫吟、曹任華

出版者 — 遠見天下文化出版股份有限公司
創辦人 — 高希均、王力行
遠見・天下文化・事業群 董事長 — 高希均
事業群發行人／CEO — 王力行
天下文化社長／總經理 — 林天來
國際事務開發部兼版權中心總監 — 潘欣
法律顧問 — 理律法律事務所陳長文律師
著作權顧問 — 魏啟翔律師
地址 — 台北市 104 松江路 93 巷 1 號 2 樓

讀者服務專線 — 02-2662-0012 ｜ 傳真 — 02-2662-0007, 02-2662-0009
電子郵件信箱 — cwpc@cwgv.com.tw
直接郵撥帳號 — 1326703-6 號　遠見天下文化出版股份有限公司

製版廠 — 東豪印刷事業有限公司
印刷廠 — 盈昌印刷有限公司
裝訂廠 — 中原造像股份有限公司
登記證 — 局版台業字第 2517 號
總經銷 — 大和書報圖書股份有限公司　電話／ (02)8990-2588
出版日期 — 2018/12/25 第一版第 1 次印行

定價 — NT330 元
ISBN 978-986-479-588-8
書號 — BWL068
天下文化官網 — bookzone.cwgv.com.tw

國家圖書館出版品預行編目(CIP)資料

最強創意思考課：從藍海策略到破壞式創新，凌駕AI的創新思維/ 橫田幸信著.
-- 第一版. -- 臺北市：遠見天下文化, 2018.12
面；　公分. -- (工作生活；BWL068)
譯自：イノベーションパス
ISBN 978-986-479-588-8(平裝)

1.企業經營 2.人才 3.創意

494　　107019566